JN113546

代々木ゼミナール

鈴川の とにかく伝えたい 生物基礎

テーマ75

編 者 鈴川 茂

代々木ライブラリー

はじめに

こんにちは。代々木ゼミナール生物講師の鈴川茂です。この度は，本書を手に取っていただき，本当にありがとうございます。

本書は，「手の空いたちょっとした時間に生物基礎の知識を詰め込みたい！」「受験直前期まで生物基礎の勉強がおろそかになってしまった…どうにかしたい…」という**受験生**，「中間・期末試験まであともう少し…手っ取り早く勉強して高得点を取りたい！」という**高校１・２年生**，「生物基礎の授業をどのように進めたらいいかわからない…」という**学校の先生方**，そんなすべての方の救済のための本です。

本書のモットーは，「**僕が普段代ゼミで行っている授業の完全再現**」です。そして，「**この一冊で生物基礎の内容を完全攻略**」できるように編集しました。また，本書を利用する方が勉強したい単元をスッキリと絞りやすくするために，「生物基礎」の内容を 75 の「テーマ」に小分けしました。さらに，読みやすくするために，各テーマの内容を“見開き２ページ単位”で構成しました。

僕は予備校講師として，日本全国を駆け巡っては熱い講義を行い，ときには，TV アニメ「はたらく細胞」の細胞博士，または新星出版社「世界一やさしい！細胞図鑑」の監修者として，からだの勉強の大切さを訴える日々を送っています (YouTube にて，「はたらく細胞ゼミナール」「世界一おもしろい♪細胞の授業」の動画を好評配信中です)。

これらの活動の原動力はすべて，「**勉強の楽しさ，生物学の楽しさを多くの方に知ってもらいたい**」という思いです。生物学の知識をたくさんもつことにより，いろいろな現象と“自分自身”をつなげることができるようになるため，“病気”や“環境問題”など，様々な重要な話題について意見をもつことができるようになります。つまり，「**生物学に興味をもってくれる人が増えれば世の中はもっと良くなる**」ということです。本書が，その手助けの一役を担うことができるような本になれば，これ以上嬉しいことはありません。

さぁ，本書で，僕と一緒に生物学の楽しさをわかち合いましょう！

ようこそ，鈴川茂の「生物基礎」へ！！

Shigeru Suzukawa

今後問われる生物入試の力

★令和の生物入試では「考察問題」「分野横断型の問題」がメインになる！

今までの生物入試では，知識が問われる問題が多く出題されてきました。しかし，そんな時代は終わり，令和の生物入試では以下のような問題が多く出題される傾向にあると考えます。

❶ 考察問題
初見の実験や現象，図やグラフなどが与えられ，知識をもとに矛盾なく推定されることを見抜いていく力が必要。

❷ 分野横断型の問題
ミクロな生命現象（遺伝子や細胞の分野）とマクロな生命現象（人体や生態系の分野）に関する知識を体系化する力が必要。これらの分野は「進化」の分野で勉強する内容とリンクすることが多い。

★知識の詰め込みに多くの時間をかけてはいけない！

上記の❶や❷のような問題が出題されるからといって，知識の詰め込みを“おろそか”にしていいというわけではありません。**知識がないと，考察することも，分野の横断をすることも難しい**からです。令和の生物入試に立ち向かうためには，効率よく知識を詰め込んでいくことがとても大切です。

本書では，その“**効率よく知識を詰め込むこと**”にトコトンこだわっています。膨大な量の入試問題はもちろん，数多くの教科書や資料集をもとに，鈴川が時間をかけて本当に「覚えるべき知識」だけを絞って本書に掲載させていただきました。本書で勉強していくことによって，なるべく多くの時間をかけずに，必要な知識だけを効率よく詰め込むことができます。

★本書を片手に大学入学共通テスト（以下，共通テストとする）の問題を解いてみよう！

今後，どのような問題が多く出題されていくかは，実際に共通テストの問題（試行調査の問題でも大丈夫です）を見てみればよくわかります。知識がない状態でいきなり共通テストに挑むのは大変ですので，ぜひ，本書を手元におき，解いてみてください。各問題の内容に該当する本書のテーマのページをめくりながら，じっくりと時間をかけて解いていくとよいです。そうすることで，本書の扱いに慣れることができますし，何より，令和の生物入試の方向性をつかむことができます。百聞は一見に如かずです。

本書の特長と使い方

★各テーマが“見開き単位”なので，勉強したい単元が絞りやすい！

本書は「生物基礎」の範囲のうち，中間・期末テスト，共通テスト，国公立大２次試験，私立大試験で頻出である基本事項を，**全 75「テーマ」× 2 ページ単位**で解説していきます。**各テーマが“見開き単位”で構成されている**ので，「今，この分野だけを勉強したい！」という場合でも，該当の単元を簡単に絞り込むことができます。

各テーマの左のページでは鈴川が実際の授業で書いている「**板書**」が，右ページでは「**講義内容**」が再現されています。本書では，鈴川の生物基礎に対する考え方が**すべて余すことなく表現されている**ので，本書を読み込み，内容を理解することによって，**丸暗記型の勉強法から解放される**はずです。

★本書では「分野横断」を意識しやすい！

本書では，関連する内容が他のテーマにある場合，**テーマ○○**という記載があります。これを見たときには，そのページへリンクしてみましょう。そうすることで，知識をもっと幅広くつなげることができ，「**分野横断型の問題**」に対応する力を身につけることができます。

★多彩な「ゴロ合わせ」によって，暗記の負担を軽減！

本書では，たくさんの「**ゴロ合わせ**」が用意されています。「生物例」など，脈絡がなく覚えづらい生物用語に関しては，ゴロ合わせで効率よく詰め込んでいきましょう。

★「計算問題」や「考察問題」の対策では，
鈴川の解法をマネするところから始めてみよう！

本書では，ところどころに「**○○の問題**」「**○○に関する問題**」というコーナーが設けてあります。計算問題や考察問題が苦手な方は，**本書に記載されている鈴川の解法をマネする**ところから始めてみましょう。そして，その解法テクニックをもとに，右ページにある**類題を解こう**に挑みましょう。自分の力で類題を解くことができたのなら，今後，それが大きな自信へとつながるはずです。

本書の構成

★左ページ［板書］

普段鈴川が代ゼミの教室で書いている「板書」に該当するページです。特に赤字で書かれている部分に注目してください。できるだけ絵や図を用いることを意識しました。多くの現象を“視覚的”に押さえていくことで，知識が定着しやすくなるように工夫しました。

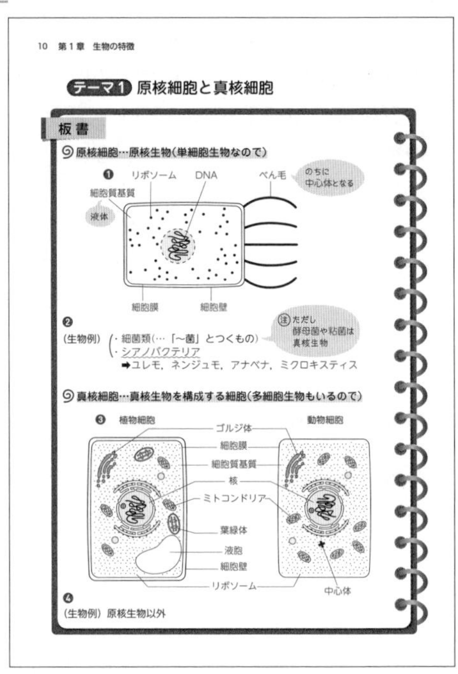
10　第1章　生物の特徴

テーマ1 原核細胞と真核細胞

板書

原核細胞…原核生物(単細胞生物なので)

❶ リボソーム　DNA　べん毛　のちに中心体となる
細胞質基質
液体
細胞膜　細胞壁

❷
(生物例) ・細菌類(…「〜菌」とつくもの)
・シアノバクテリア
➡ユレモ，ネンジュモ，アナベナ，ミクロキスティス
㊟ただし 酵母菌や粘菌は真核生物

真核細胞…真核生物を構成する細胞(多細胞生物もいるので)

❸ 植物細胞　動物細胞
ゴルジ体
細胞膜
細胞質基質
核
ミトコンドリア
葉緑体
液胞
細胞壁
リボソーム
中心体

❹
(生物例) 原核生物以外

各マークの説明

- ◎… 各項目のスタートを表しています
- ❶や❷などの番号 … 右ページでの「**講義内容**」の各番号に該当する部分です
- **POINT** … 各項目の中でも特に注目してほしい内容です
- **参考** … 知っておくことで，関連する知識が深まる内容です
- **解説** …「**計算問題**」や「**考察問題**」の解説です。鈴川の解法テクニックを丁寧に，わかりやすく説明しています
- **結論** …「**実験**」や「**観察**」の結果から推察される内容です。ここでの理解が考察力の向上へとつながります
- **イメージ** … **解説**の補足となる内容です

★右ページ［講義内容］

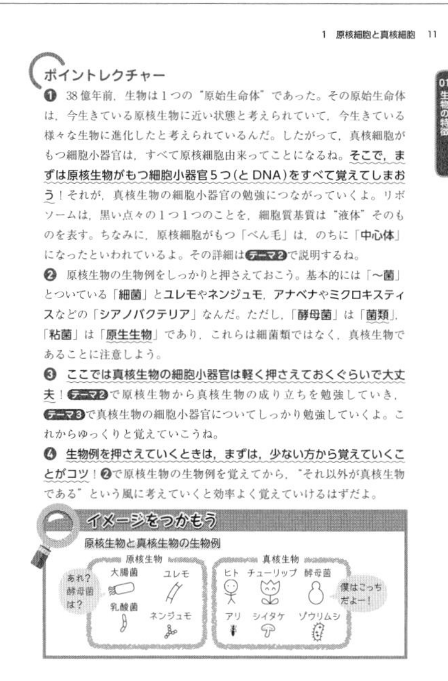

1　原核細胞と真核細胞　11

01 生物の特徴

ポイントレクチャー

❶ 38億年前，生物は1つの"原始生命体"であった。その原始生命体は，今生きている原核生物に近い状態と考えられていて，今生きている様々な生物に進化したと考えられているんだ。したがって，真核細胞がもつ細胞小器官は，すべて原核細胞由来ってことになるね。**そこで，まずは原核生物がもつ細胞小器官5つ（とDNA）をすべて覚えてしまおう**！それが，真核生物の細胞小器官の勉強につながっていくよ。リボソームは，黒い点々の1つ1つのことを，細胞質基質は"液体"そのものを表す。ちなみに，原核細胞がもつ「べん毛」は，のちに「**中心体**」になったといわれているよ。その詳細はテーマ2で説明するね。

❷ 原核生物の生物例をしっかりと押さえておこう。基本的には「**～菌**」とついている「**細菌**」と**ユレモ**や**ネンジュモ**，**アナベナ**や**ミクロキスティス**などの「**シアノバクテリア**」なんだ。ただし，「**酵母菌**」は「**菌類**」，「**粘菌**」は「**原生生物**」であり，これらは細菌類ではなく，真核生物であることに注意しよう。

❸ **ここでは真核生物の細胞小器官は軽く押さえておくぐらいで大丈夫**！テーマ2で原核生物から真核生物の成り立ちを勉強していき，テーマ3で真核生物の細胞小器官についてしっかり勉強していくよ。これからゆっくりと覚えていこうね。

❹ **生物例を押さえていくときは，まずは，少ない方から覚えていくことがコツ**！❷で原核生物の生物例を覚えてから，"それ以外が真核生物である"という風に考えていくと効率よく覚えていけるはずだよ。

イメージをつかもう

原核生物と真核生物の生物例

普段鈴川が代ゼミの教室で話している「**講義内容**」に該当するページです。このページに**鈴川の考え方や押さえておいてほしい内容**をわかりやすく記載しました。特に，**太字**や波線で書かれている部分に注目してください。このページでは，実際の授業での発言と同じように，"語り口調（「～だよ」「～しよう」など）"で表現しています。実際に教室にいるかのような臨場感を味わっていただけると嬉しいです。

また，このページの下部分には，6種類の囲み記事が設けてあります。

各マークの説明

- ❶や❷などの番号 … 左ページでの「**板書**」の各番号に該当する部分です

6種類の囲み記事の説明

- **イメージをつかもう** … 絵や例え話などを用いて，左ページの「**板書**」の内容をよりわかりやすく説明しています
- **あともう一歩踏み込んでみよう** … 各テーマの学習事項と関連する発展的な内容を補足しています
- **覚えるツボを押そう** … 左ページの「**板書**」の内容の中でも特に押さえておきたい用語などを整理しています
- **生物学史と偉人伝** … 左ページの「**板書**」で記載された研究者について詳しく説明しています
- **ゴロで覚えよう** … 覚えづらい生物用語などを，「**ゴロ合わせ**」で記載しています
- **類題を解こう** … 左ページの「**板書**」で記載された「**計算問題**」や「**考察問題**」の類題です

CONTENTS

第1章 生物の特徴

第2章 遺伝子とそのはたらき

第3章 体内環境の維持

第4章 多様性と生態系

テーマ1 原核細胞と真核細胞

板書

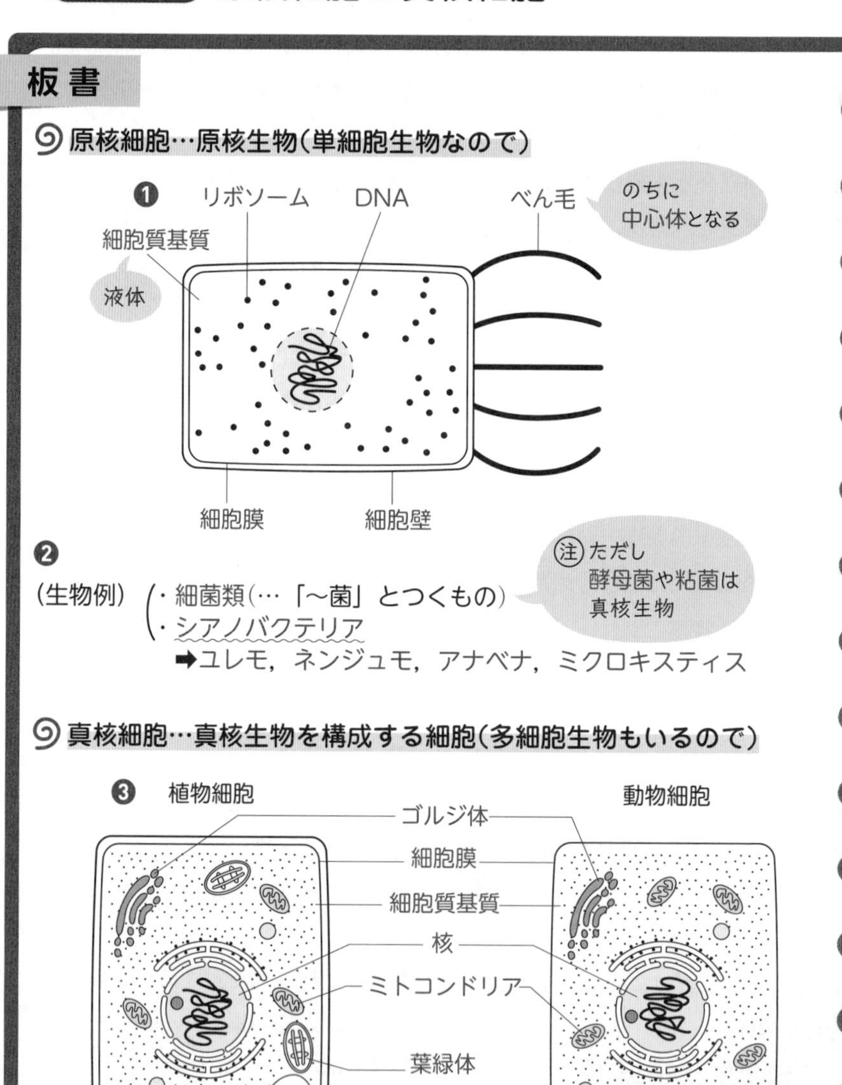

❹

(生物例) 原核生物以外

ポイントレクチャー

❶ 38億年前，生物は1つの“原始生命体”であった。その原始生命体は，今生きている原核生物に近い状態と考えられていて，今生きている様々な生物に進化したと考えられているんだ。したがって，真核細胞がもつ細胞小器官は，すべて原核細胞由来ってことになるね。**そこで，まずは原核生物がもつ細胞小器官5つ（とDNA）をすべて覚えてしまおう**！それが，真核生物の細胞小器官の勉強につながっていくよ。リボソームは，黒い点々の1つ1つのことを，細胞質基質は“液体”そのものを表す。ちなみに，原核細胞がもつ「べん毛」は，のちに「**中心体**」になったといわれているよ。その詳細はテーマ2で説明するね。

❷ 原核生物の生物例をしっかりと押さえておこう。基本的には「**〜菌**」とついている「**細菌**」と**ユレモ**や**ネンジュモ**，**アナベナ**や**ミクロキスティス**などの「**シアノバクテリア**」なんだ。ただし，「**酵母菌**」は「**菌類**」，「**粘菌**」は「**原生生物**」であり，これらは細菌類ではなく，真核生物であることに注意しよう。

❸ **ここでは真核生物の細胞小器官は軽く押さえておくぐらいで大丈夫**！テーマ2で原核生物から真核生物の成り立ちを勉強していき，テーマ3で真核生物の細胞小器官についてしっかり勉強していくよ。これからゆっくりと覚えていこうね。

❹ **生物例を押さえていくときは，まずは，少ない方から覚えていくことがコツ**！❷で原核生物の生物例を覚えてから，“それ以外が真核生物である”という風に考えていくと効率よく覚えていけるはずだよ。

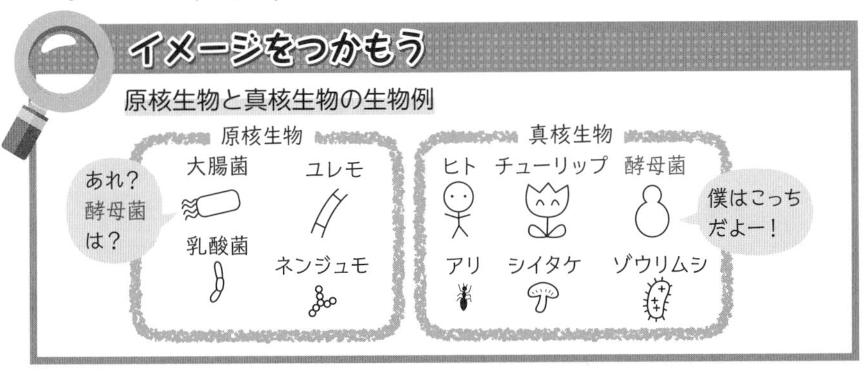

テーマ２ 共生説と膜進化説

板書

ミトコンドリアや葉緑体ができた理由

❶ 1967年 マーグリス(アメリカ)「共生説」

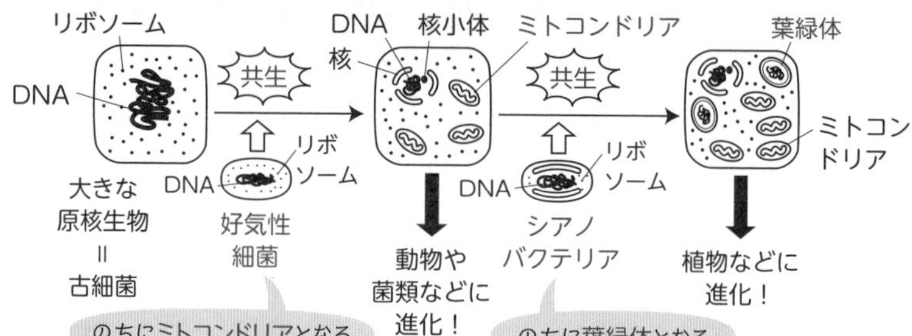

❷ **POINT** 根拠

ミトコンドリアや葉緑体は
- ・DNAやリボソームをもつ
- ・自己増殖を行う
- ・内外異質の二重膜構造をもつ

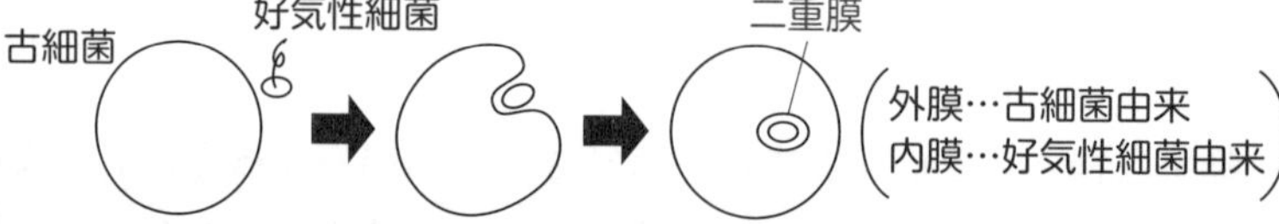

核やゴルジ体，液胞ができた理由

❸ 1975年 中村　運「膜進化説」

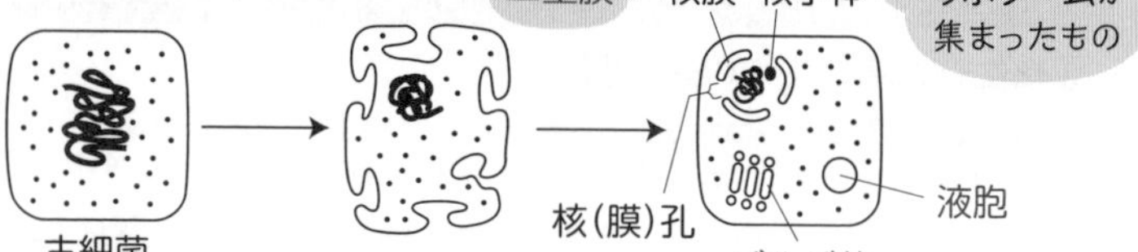

❹ 

真核細胞の中心体は，原核生物の“べん毛”が細胞内に共生することでできた。(1967年 マーグリス)

ポイントレクチャー

❶ 真核生物は原核生物が進化することで誕生したと考えられている。その進化の流れについて勉強するよ。真核生物がもつ**ミトコンドリア**と**葉緑体**の起源は「**共生説**」で説明できる。古細菌という大きな原核生物に**好気性細菌**が入り込んで**共生**し，これがのちに**ミトコンドリア**になり，そして，そのミトコンドリアが共生した細胞に**シアノバクテリア**が入り込んで**共生**し，これがのちに**葉緑体**になった，と考えられているよ。

❷ ここで，共生説の根拠を示していくね。**ミトコンドリアと葉緑体が元原核生物**！と考えれば，「**DNA とリボソームをもつ**(⬅原核生物がもつ)」ことと「**自己増殖を行う**(⬅全生物が行う)」ことは納得だね。これらが「**内外異質の二重膜構造をもつ**」ことは，**古細菌が好気性細菌などを取り込むときに自身の細胞膜ごと取り込んだ**！と考えれば合点がいくね。形成された二重膜のうち，外膜は古細菌由来で，内膜は好気性細菌由来だから“**内外異質**”という表現になるんだよ。

❸ 次に，「**膜進化説**」で，**核**や**ゴルジ体**，**液胞**ができた理由について説明するね。これらは，古細菌の細胞膜が“陥入”して形成されたよ。**このとき，核(膜)孔という“穴”を空けるように陥入したから核膜が二重膜になったこと，古細菌のリボソームが集まって核小体ができたこともつかんでおこう**！

❹ 真核生物の**中心体**は原核生物の“べん毛”が細胞内に共生することでできたと考えられているんだ(諸説あるけどね)。このように“つなげて”覚えていくと，どんどん頭に情報が入っていくね。

あともう一歩踏み込んでみよう

白血球の食作用と“共生”

古細菌が好気性細菌などを取り込むときに自身の細胞膜ごと取り込んだと考えられた理由は!?
➡**右図のように，異物を取り込む白血球の食作用(テーマ 51)がヒントになり考えられた！**

(このように今の僕たち自身が行っている現象をみつめることでわかることもあるよ。)

テーマ3 細胞小器官の分類

板書

真核細胞の細胞小器官

❶ 植物細胞　　動物細胞

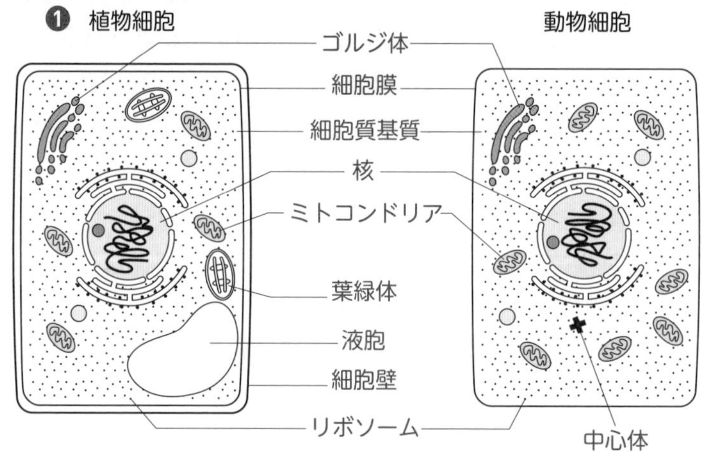

～細胞小器官～

❷
- 原形質…細胞の中の“生きている”部分
  - 核
  - 細胞質 ➡ 細胞膜，ミトコンドリア(★)，葉緑体(★)，ゴルジ体，中心体，リボソーム(＊)，細胞質基質(★)
- 後形質…細胞の中の“死んでいる”部分
  ➡ 細胞壁，液胞

❸
- [　　]…二重膜構造をもつもの(＝DNAをもつもの)
- [　　]…一重膜構造をもつもの
- (★) … ATP(全生物共通のエネルギー)をつくるもの
- (＊) …光学顕微鏡で観察できないもの

ポイントレクチャー

❶ ここで，真核細胞の細胞小器官を押さえていくよ。テーマ1&2で勉強した流れで覚えていこう。**細胞膜**，**細胞壁**，**リボソーム**，**細胞質基質**，**中心体**(べん毛)の5つは原核生物のときから見られる細胞小器官で，**ミトコンドリア**と**葉緑体**は共生説で加わった細胞小器官，**核**と**ゴルジ体**と**液胞**は膜進化説で加わった細胞小器官だね。

❷ 細胞の中は，“生きている”部分である**原形質**と“死んでいる”部分である**後形質**に分けられるよ。この“生きている”，“死んでいる”とは“自己活動を行う”，“自己活動を行わない”ととらえておいてほしい。さらに，原形質は**核**と**細胞質**に分けられ，細胞質は左ページの7つの細胞小器官からなると考えればいいよ。後形質は**細胞壁**と**液胞**の2つだけなので，**少ない後形質の細胞小器官から覚えていくことがコツ**！

❸ 構造の違いから各細胞小器官を分類できるようにしよう。まず，テーマ2で勉強したようにミトコンドリアと葉緑体と核は**二重膜構造**をもつこと，そして，これらにはすべて **DNA** が含まれることがわかるね。次に，ゴルジ体と液胞は一重膜の細胞膜から形成されたので，これらは**一重膜構造**をもつことがわかるね。また，**ATP** という「**全生物**共通のエネルギー(テーマ6)」をつくるものが**元原核生物のミトコンドリアと葉緑体である**ことは納得できるね。あと，これらが共生する前の古細菌の細胞質基質で ATP がつくられていたことから，真核細胞の**細胞質基質**でも ATP がつくられることも知っておこう。最後に，**リボソーム**は光学顕微鏡で観察できないくらい“小さいもの”であることも押さえておこうね。

覚えるツボを押そう

各細胞小器官の膜構造

◆共生説と膜進化説より
ミトコンドリア・葉緑体・核…**二重膜構造**をもつ& **DNA** をもつ
◆膜進化説より
細胞膜・ゴルジ体・液胞　…**一重膜構造**をもつ

テーマ4 細胞小器官のはたらき

板書

原形質の細胞小器官のはたらき

・細胞膜…リン脂質とタンパク質からなる

❶・核…遺伝子の保有

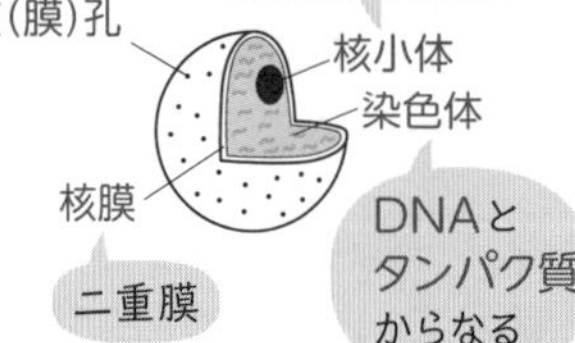

❷・ミトコンドリア…呼吸の場

・ゴルジ体…物質の分泌

❸・葉緑体…光合成の場

・中心体…細胞分裂を助ける

❹・リボソーム…RNA とタンパク質
からなる
タンパク質をつくる

・細胞質基質…細胞を満たす液体

POINT 原形質流動

原形質が流れ動く現象。ATP がないとはたらかない。ミクロメーターを用いて速度を測定できる(テーマ13)

❺

後形質の細胞小器官のはたらき

・細胞壁…セルロース(とペクチン)からなる
細胞の支持や保護を行う

・液胞…老廃物の貯蔵
内部に細胞液を満たしている
(➡成分：糖，有機酸，アントシアン)

紅葉の色素の色

ポイントレクチャー

❶ 核について，二重膜である**核膜**，その核膜に空いている穴である**核(膜)孔**，リボソームの集まりである**核小体**，DNA とタンパク質を含む**染色体**，これらをしっかりと押さえておこうね。

❷ ミトコンドリアについては，内膜のひだ状構造である**クリステ**，内部の液体である**マトリックス**をつかんでおこう。

❸ 葉緑体については，**クロロフィル**という色素を含む膜構造体である**チラコイド**，そのチラコイドが重なった構造体である**グラナ**，内部の液体である**ストロマ**を押さえておこう。

❹ リボソームはテーマ 24～26では，とても“重要な”細胞小器官という扱いになるよ。リボソームの構成成分は「**RNA** と**タンパク質**」であり，はたらきは「**タンパク質**をつくる」ことであることを覚えよう。ちなみに，リボソームが集まったものが核小体だから，核小体の構成成分も「**RNA** と**タンパク質**」ということになるよ。

❺ 後形質は“死んでいる”部分なので，からだの支持や保護，老廃物の貯蔵などをおもに行っているよ。僕たち動物は動くし，老廃物をからだの外へ出すけれど，植物は動かないし，老廃物を細胞内に貯蔵するから，植物細胞では後形質が大きく発達しているんだ。ここで，**液胞を満たす液体である“細胞液”と細胞を満たす液体である“細胞質基質”，この 2 つの用語がごちゃ混ぜにならないように気をつけよう**！

あともう一歩踏み込んでみよう

液胞の細胞液には糖が含まれているのに，なぜ，僕たちヒトは野菜(植物細胞)を食べても糖分を摂取したことにならないのか !?

➡**それは，僕たちは植物細胞の細胞壁を分解するセルラーゼという酵素をもっていないから**！

(僕たちが食べた植物細胞は分解されずにそのままフンの成分になる(これがいわゆる“食物繊維”だ)。ちなみに，牛などの草食動物はセルラーゼをもっているから，草を食べても液胞内の糖分を摂取し，それを使って成長できるんだ。)

テーマ5 細胞研究の歴史

板書

細胞の発見と細胞説

❶・1665年　フック(イギリス)
「細胞の発見」
自作の顕微鏡でコルクの薄片を観察し，観察された小部屋を“細胞(cell)”と名づけた。
➡(しかし，フックが実際に観察したのは，後形質である細胞壁の部分のみであった。)

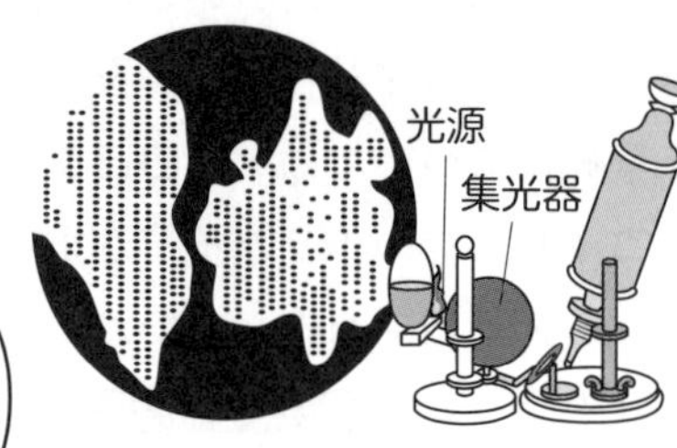

フックの顕微鏡とコルクのスケッチ

❷・1674～1677年　レーウェンフック(オランダ)
「生きた細胞の観察」

・1831年　ブラウン(イギリス)
「核の発見」

❸・1838年　シュライデン(ドイツ)
「植物に関する細胞説」

❸・1839年　シュワン(ドイツ)
「動物に関する細胞説」

POINT 細胞説

「細胞は生物体の構造とはたらきの基本単位である」とする説
➡ 1855年フィルヒョー(ドイツ)がシュライデンとシュワンの細胞説をまとめ，「細胞は細胞から生じる」とした

・1869年　ミーシャー(スイス)
「DNAの発見」
医者だったミーシャーは，当時の患者の包帯に付着していた膿(白血球の死骸)からDNAを抽出
➡ “ヌクレイン”と名づけた

ポイントレクチャー

❶　物理学の「フックの法則」で有名な**フック**は，顕微鏡を用いて細胞を観察した最初の人物だ。しかし彼が見たのは，**細胞壁**のみからなるコルク片の細胞であった。つまりこの時点では，**後形質**の観察は行われていたが，**原形質**の観察は行われていなかったことになるね。

❷　そこで，**レーウェンフック**が実際に動いている精子や赤血球など，**原形質**を含んだ生きた細胞の観察を行った。フックとレーウェンフック…名前が少し似ているけど，観察した細胞の種類が違うことに注意しようね。

❸　**細胞説**とは「**細胞は生物体の構造とはたらきの基本単位である**」とする説のこと。簡単にいうと，「**生物は細胞からなる**」ということだよ。**植物**に関する細胞説を唱えたのが**シュライデン**，**動物**に関する細胞説を唱えたのが**シュワン**だ。これも名前が似ているね…。ここでシュ**「ワン！(…犬の鳴き声)」＝動物**，と連想させていくと覚えやすいよ。

生物学史と偉人伝

細胞研究の研究者たち

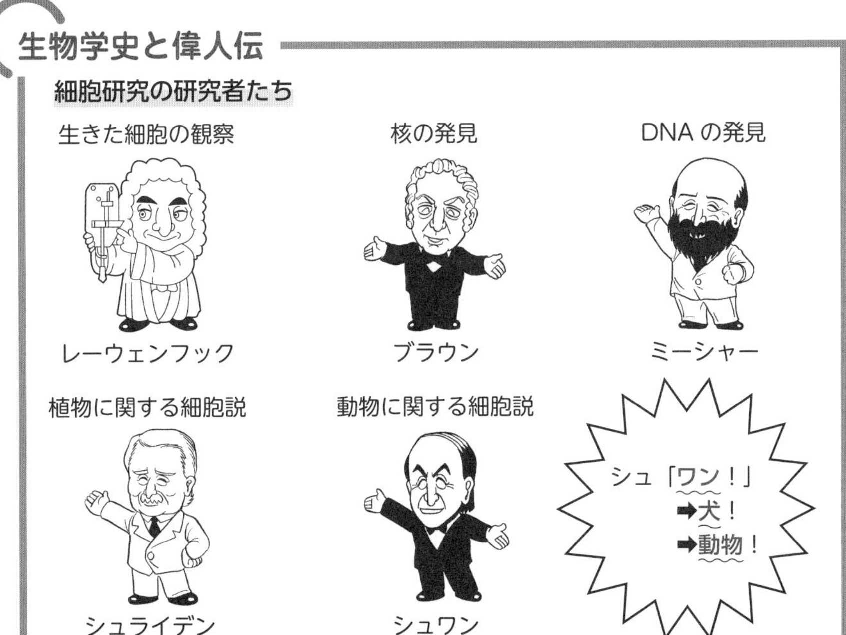

テーマ6 代謝

板書

代謝について

➡生体内における物質の化学的変化

～エネルギー代謝～

❶
・同化…エネルギーを**吸収**する**合成**反応　例　光合成
・異化…エネルギーを**放出**する**分解**反応　例　呼吸

❷
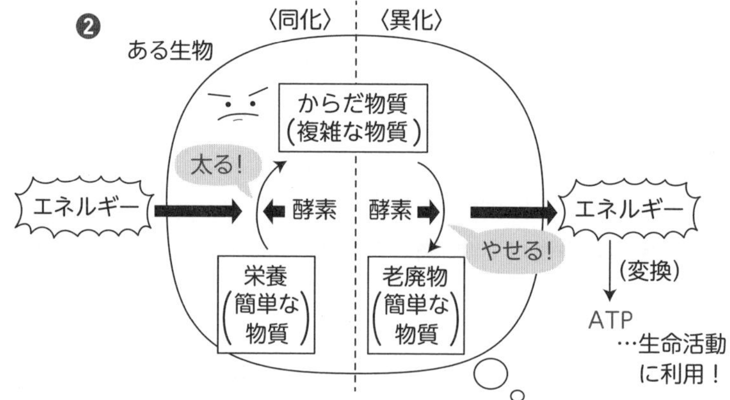

ATPについて

➡全生物が生命活動に利用するエネルギーの通貨単位

❸
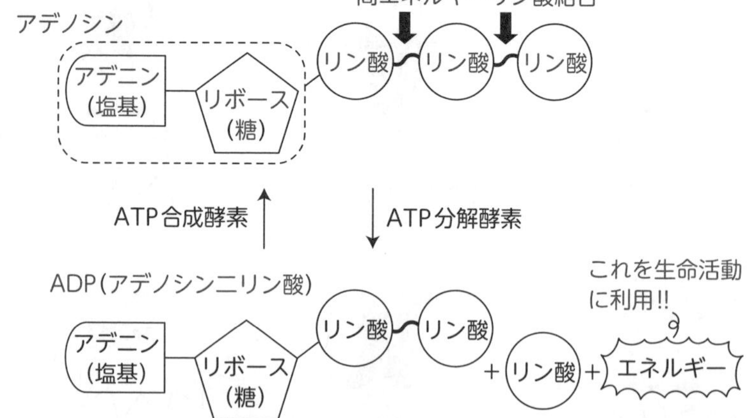

ポイントレクチャー

❶ 代謝の中でも，エネルギーの吸収と放出に注目した**エネルギー代謝**について勉強しよう。エネルギー代謝を2つに分けると，エネルギーを吸収する合成反応である「**同化**」とエネルギーを放出する分解反応である「**異化**」に分けられるよ。同化の例としては葉緑体が行う光合成，異化の例としてはミトコンドリアが行う呼吸があげられるよ。

❷ ここで同化と異化の違いを“ある生物”を用いて説明するね。まず，同化とは，図の左側のように簡単な物質(**栄養**)を，エネルギーを用いて複雑な物質(**からだ物質**)に変換することだ。これを僕たちのからだで例えると，**ズバリ“太る”ということ**！外界から得た食べ物(**栄養**)をエネルギーを用いてお腹の脂肪など(**からだ物質**)に変換しているイメージだね。次に異化とは，図の右側のように複雑な物質(**からだ物質**)を簡単な物質(**老廃物**)に変換することでエネルギーを放出し，**ATP**をつくること。これを僕たちのからだで例えると，**ズバリ“やせる”ということ**！運動することでお腹の脂肪などを燃焼しているイメージだ。

❸ **ATP**とは，僕たち生物が生命活動をする上で必ず利用しているエネルギー物質のことだよ。勉強したり，泣いたり，怒ったり…僕らが行う様々な活動において絶対に欠かせないものなのね。ATPは，**アデニン**と**リボース**からなる**アデノシン**という物質に**リン酸**が**3つ**結合した物質なんだ。そのリン酸とリン酸との間の結合を**高エネルギーリン酸結合**というんだけど，その高エネルギーリン酸結合が切断されることで得られたエネルギーが，僕たちが普段，**生命活動に利用しているエネルギー**なんだ。ATPが分解されると**ADP**とリン酸が放出されるよ。つまり異化とは，からだ物質を分解することで得られたエネルギーでADPとリン酸を結合させて**ATPをつくること**をいうんだ。

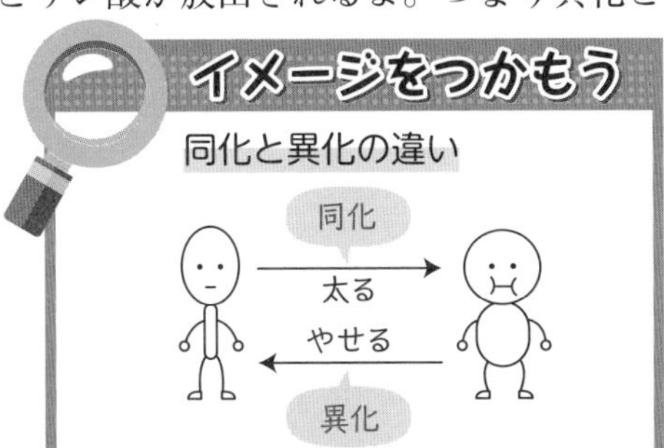

テーマ7 光学顕微鏡の操作法

板書

❷
光学顕微鏡の操作手順

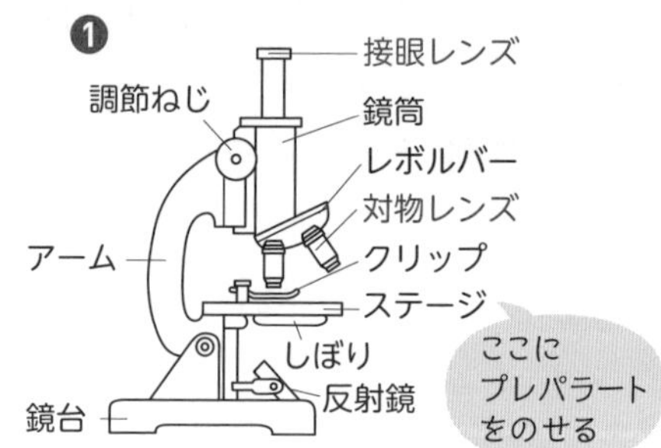

・レンズの取りつけ
接眼レンズ→対物レンズの順に取りつける。
（鏡筒内にホコリが入らないように）

↓

・低倍率で観察
広い視野で試料を観察することで，目標物が見つけやすくなる。

↓

・ピント合わせ
まずは，対物レンズをプレパラートにできるだけ**近づけ**，その後，遠ざけながら**調節ねじ**でピントを合わせる。
（対物レンズとプレパラートがぶつからないように）

↓

・目標物を中央へ
視野内で移動させたい方向と反対方向にプレパラートを動かす。

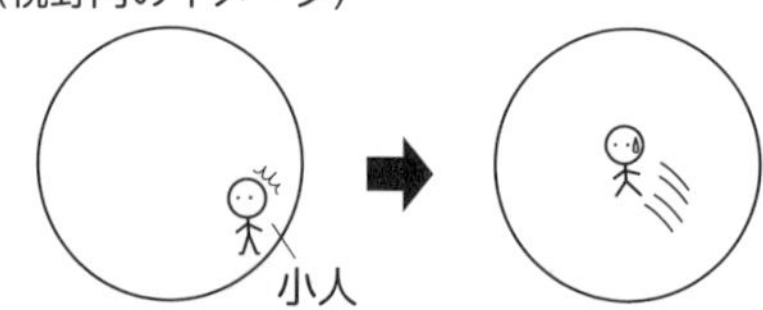

❸
（目標物が**右下**に見える場合，プレパラートを**右下**に動かすことで目標物が中央へ移動する）

↓

・高倍率で観察
倍率を高くすると，像が**暗く**なるので**しぼり**を開けて視野を**明るく**する。

❹
（明るくすることでコントラスト（濃淡）が**低く**なり，また焦点深度が**浅く**なることで目標物の詳細が観察しやすくする）

ポイントレクチャー

❶ 本テーマでは，光学顕微鏡の操作法について勉強しよう。まずは，光学顕微鏡の各部名称について押さえておこう。特に**接眼レンズ**と**対物レンズ**の位置は絶対につかんでおこうね。

❷ 光学顕微鏡の操作手順はざっくりいうと，「**レンズの取りつけ**」「**低倍率で観察**」「**ピント合わせ**」「**目標物を中央へ**」「**高倍率で観察**」の5段階だ。レンズを取り付けるときは**接眼レンズ→対物レンズ**の順，ピントを合わせるときは対物レンズとプレパラートを**遠ざけ**ながら…など，顕微鏡操作の留意点を押さえておこうね。

❸ イメージがもてるように，顕微鏡をのぞいた際の視野内の図で，目標物を観察したときのようすを確認しよう。例えば，目標物(小人)が右下に見えるときには，プレパラートを**右下**に動かすことで小人を視野の中央にもってくることができるよ。この詳しいしくみはテーマ8で説明するので，ここでは“目標物を中央へ移動させたいときは，視野内で移動させたい方向と**反対**方向にプレパラートを動かす必要がある”ということを押さえておこう。

❹ 顕微鏡を扱う最終的な目的は，目標物(小人)の詳細を観察することである。ここで，倍率を高くすると視野が暗くなるため，しぼりを**開けて**視野を明るくすることで，焦点深度(ピントの合う範囲)が浅くなり，目標物(小人)の詳細が観察しやすくなることを押さえておこう。「視野を明るくすると焦点深度が浅くなる」しくみについてはテーマ8で詳しく説明するね。

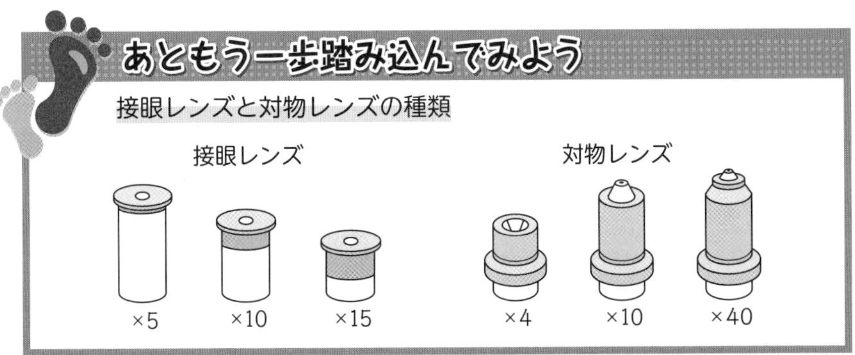

テーマ8 顕微鏡観察の留意点

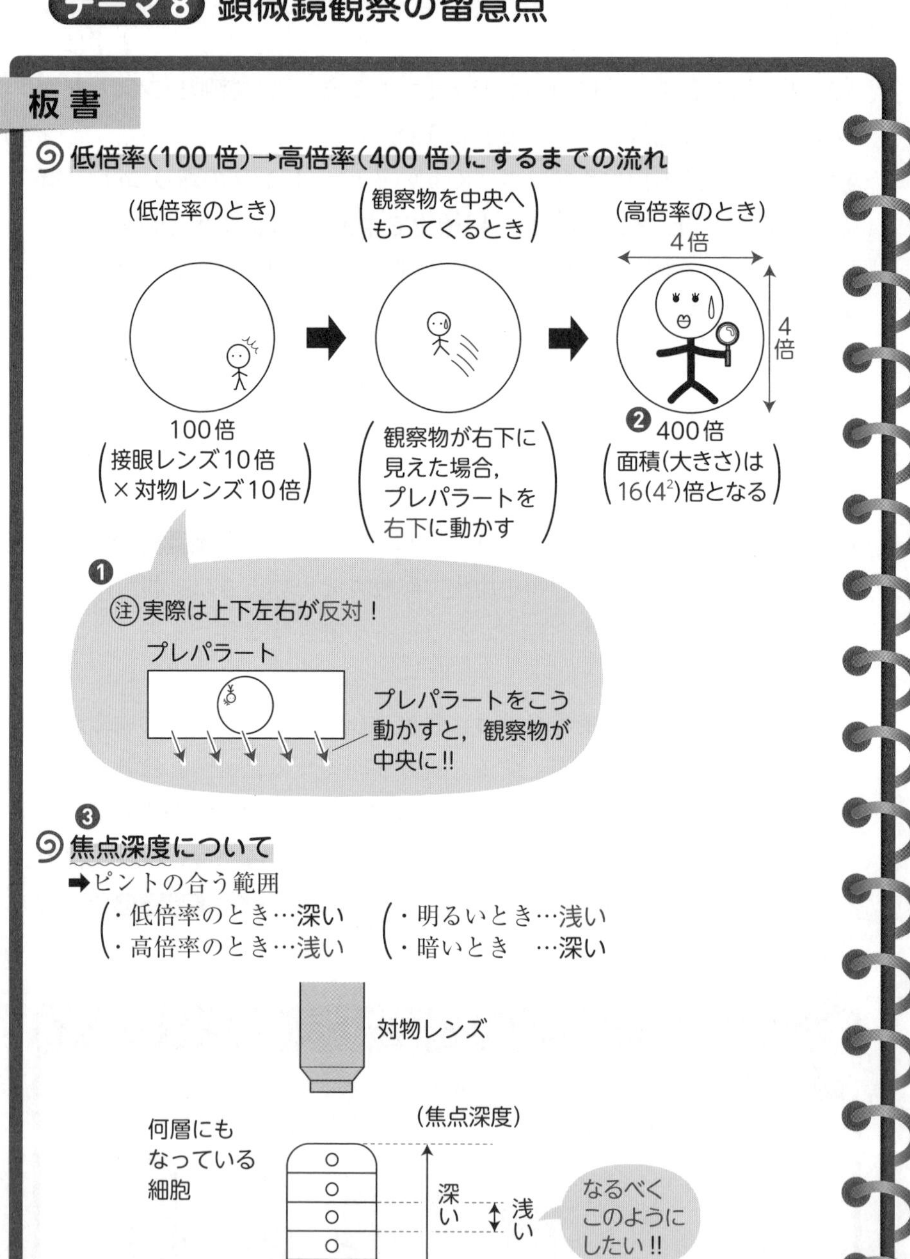
板書
低倍率(100倍)→高倍率(400倍)にするまでの流れ
(低倍率のとき)
(観察物を中央へもってくるとき)
(高倍率のとき)
4倍
4倍
100倍
(接眼レンズ10倍×対物レンズ10倍)
(観察物が右下に見えた場合，プレパラートを右下に動かす)
❷ 400倍
(面積(大きさ)は16(4²)倍となる)
❶
㊟実際は上下左右が反対！
プレパラート
プレパラートをこう動かすと，観察物が中央に!!
❸
焦点深度について
➡ピントの合う範囲
・低倍率のとき…深い
・高倍率のとき…浅い
・明るいとき…浅い
・暗いとき　…深い
対物レンズ
(焦点深度)
何層にもなっている細胞
深い
浅い
なるべくこのようにしたい!!

ポイントレクチャー

❶　目標物(小人)を視野の中央にもってくるとき，視野内で移動させたい方向と**反対**方向にプレパラートを動かす理由について説明するね。まず，注目してほしいのは，顕微鏡観察において，目標物の実像は**上下左右反対だということ**！図のように，視野内で小人が右下に見えている場合でも，実際は**左上**にいるんだ。このことから，小人を視野の中央にもってくるためには，プレパラートを**右下**に動かさなくてはならないことが納得できるね。このように，理屈をもってきちんと押さえておくと学習内容を定着させやすいよ。

❷　倍率を4倍(100倍→400倍)高くすると，何となく視野内の小人の大きさも4倍になる気がする。しかし顕微鏡において，変化した倍率は“面”ではなく“線”の違いを表現しているため，倍率を4倍高くすると，面積(大きさ)は低倍率のときの $\mathbf{4^2 = 16}$ 倍になることに注意しよう。

❸　ピントを合わせるとき，高倍率のときの方が低倍率のときよりもピントが**合いにくい**。それは，高倍率のときだと焦点深度が**浅い**からである。また，明るいときの方が暗いときよりもピントが**合いにくい**のも同じ理由である。しかし，図のように何層にも重なっている細胞を観察するときには，焦点深度を深くしてしまうと，細胞が何層にも重なった状態で観察されてしまうので，なるべく焦点深度を**浅い**状態にするために，**倍率を高くし**，**視野を明るくする**必要があるということを押さえておこう。

イメージをつかもう

明るいと焦点深度が浅くなる

舞台でスポットライトを浴びると，まぶしくて観客が見えなくなることがある。これは，僕たちの眼が多くの光を受容することで，焦点深度が“浅く”なったからである。

テーマ９ 細胞観察の留意点

板書

細胞観察の留意点

❶
・固定：細胞を生きた状態に近いまま保つ
➡細胞の活動を停止することで，各細胞小器官が染色液で染まりやすい状態をつくる

固定液	(氷)酢酸，カルノア液，ホルマリン，アルコール，ブアン液

❷
・染色：観察物を見やすい状態にする

染色部分	色素・染色液	染色
核	酢酸カーミン	赤
	酢酸オルセイン	赤
	メチレンブルー	青
	メチルグリーン	緑
ミトコンドリア	ヤヌスグリーン	青緑
ゴルジ体	オスミウム酸	黒
液胞	中性赤(ニュートラルレッド)	赤
細胞壁	サフラニン	赤
デンプン	ヨウ素ヨウ化カリウム溶液(ヨウ素液)	青紫
中心体	鉄ヘマトキシリン	黒
DNA	シッフ試薬	赤紫
RNA・リボソーム・核小体	ピロニン	赤
脂質	スダンⅢ	赤
細胞質	エオシン	赤
赤血球	ギムザ液	ピンク

ポイントレクチャー

❶ 細胞観察において，プレパラートの作成法について説明するね。まず，細胞を観察する際，**酢酸**や**カルノア液**などの**固定液**で“細胞を生きた状態に近いまま保つ”ことが必要であることを押さえておこう。つまり，細胞を殺すことで，各細胞小器官が染色液で染まりやすい状態をつくることができるんだ。細胞が生きたままの状態で染色を行うと，生きた細胞による異物の除去作用がはたらき，染色液が消失してしまうことがあるから，このような処置が必要なんだよ。

❷ 固定された細胞の細胞小器官を染色することで，観察物を見やすくするんだ。染色液は，細胞小器官ごとに分けられているが，特に覚えておいてほしい染色液は，核を赤く染色する**酢酸カーミン**と**酢酸オルセイン**，ミトコンドリアを青緑色に染色する**ヤヌスグリーン**，ゴルジ体を黒く染色する**オスミウム酸**，液胞を赤く染色する**中性赤**（**ニュートラルレッド**）だ。余力があれば，核を青く染色する**メチレンブルー**，細胞壁を赤く染色する**サフラニン**，デンプンを青紫色に染色する**ヨウ素ヨウ化カリウム溶液**（**ヨウ素液**）も押さえておこう。

あともう一歩踏み込んでみよう

◆酢酸カーミン（酢酸オルセイン）は固定液？染色液？

➡**酢酸カーミン（酢酸オルセイン）は固定液である酢酸と染色液であるカーミンまたはオルセインを合わせた固定染色液であり，固定液と染色液の両方の性質を兼ね備えている。**

（核のみを染色し，観察することが目的である場合は，試料である細胞と酢酸カーミン（酢酸オルセイン）のみでプレパラートが作成できる。）

◆酢酸カーミン（酢酸オルセイン）が核を染めるしくみは？

➡**核内には，弱酸性の物質であるDNA（デオキシリボ核酸）が含まれている。アルカリ性であるカーミン（オルセイン）は弱酸性のDNAと引き合う性質をもち，DNAと結合することで染色が観察される。**

テーマ10 観察物の大きさ比べ

板書

❶ 分解能

…近接した2点を2点として見分けられる最小の間隔

- 肉眼の分解能　　　…0.1 mm
- 光学顕微鏡の分解能…0.2 μm（マイクロ）
- 電子顕微鏡の分解能…0.2 nm（ナノ）

1Å（オングストローム）$=10^{-7}$mm → テーマ16

㊟単位

1m →(×1/1000)→ 1mm →(×1/1000)→ 1μm →(×1/1000)→ 1nm →(×1/10)→ 1Å

観察物の大きさ比べ

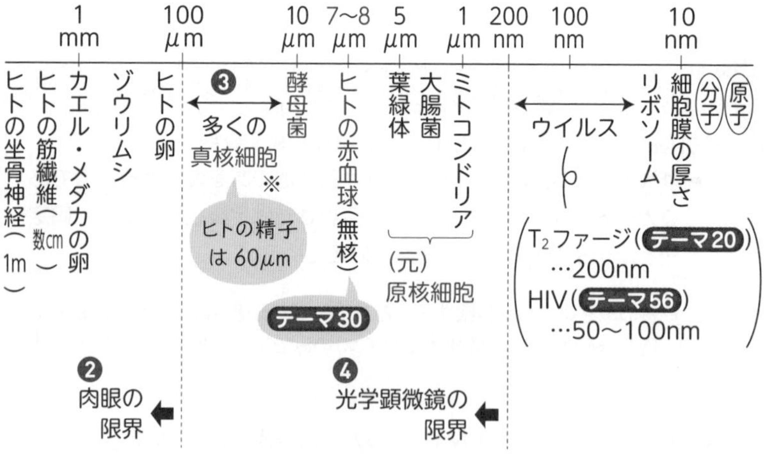

1 mm	100 μm	10 μm	7〜8 μm	5 μm	1 μm	200 nm	100 nm	10 nm
ヒトの坐骨神経（1m） ヒトの筋繊維（数cm） カエル・メダカの卵 ゾウリムシ	ヒトの卵 ❸ ←多くの真核細胞→※ （ヒトの精子は60μm）	酵母菌	ヒトの赤血球（無核）テーマ30	葉緑体 大腸菌	ミトコンドリア （葉緑体・大腸菌・ミトコンドリア：(元)原核細胞）	←ウイルス→	リボソーム	細胞膜の厚さ 分子 原子

ウイルス：T_2ファージ（テーマ20）…200nm／HIV（テーマ56）…50〜100nm

❷ 肉眼の限界 ←（100μm）

❹ 光学顕微鏡の限界 ←（200nm）

※一般に，植物細胞は動物細胞よりも大きい

ポイントレクチャー

❶ **肉眼，光学顕微鏡，電子顕微鏡，それぞれの分解能は絶対に覚えておこう**！この知識が元となって，さまざまな観察物の大きさを押さえることができるようになるよ。あと，単位の換算もできるようにしておこうね。

❷ **この単元では，“どんどん暗記していく”というより，知っている知識を“どんどんつなげていく”ことが重要だ**！まずは，「**ヒトの卵**」や「**ゾウリムシ**」はギリギリ肉眼で見えるくらいだから，大体 **0.1 mm** くらいの大きさなんだな～，と考えてほしい。そこから，肉眼で見えるものを右から順に押さえていくとよいよ。

❸ 次に，多くの「**真核細胞**」は大体 **10 μm ～100 μm** くらいの大きさで，肉眼では見えないことに注目しよう。そこで，真核細胞（真核生物）の中でも小さい「**酵母菌（約 10 μm）**」や「**無核**（⬅この分小さい）である**ヒトの赤血球（約 7～8 μm）**➡ テーマ30」の大きさにも注目しよう。そして，細胞小器官がこれらよりも小さいことを意識しよう。光合成を行い，内部にデンプンなどを蓄積している葉緑体はミトコンドリアよりも**大きい**ことを想定し，また，テーマ2 **で勉強したように，これらは元原核生物であることに注目しながら**，「**葉緑体**」「**大腸菌**」「**ミトコンドリア**」の順に小さくなっていくこと（大体 **5 μm → 1 μm** くらい）を押さえていこう。

❹ 最後に，光学顕微鏡で観察できない **0.2 μm（200 nm）**以下の大きさの観察物に注目しよう。まず，ウイルスは電子顕微鏡でないと観察できないこと，テーマ3 で勉強したように，リボソームが光学顕微鏡で観察できないことを意識しながら，「**ウイルス**」「**リボソーム**」の順に小さくなっていくことを押さえてほしい。**❶～❹ で示したように，それぞれの観察物の大きさの大小関係を比較しながら，各観察物の大きさをつかんでいこう**！

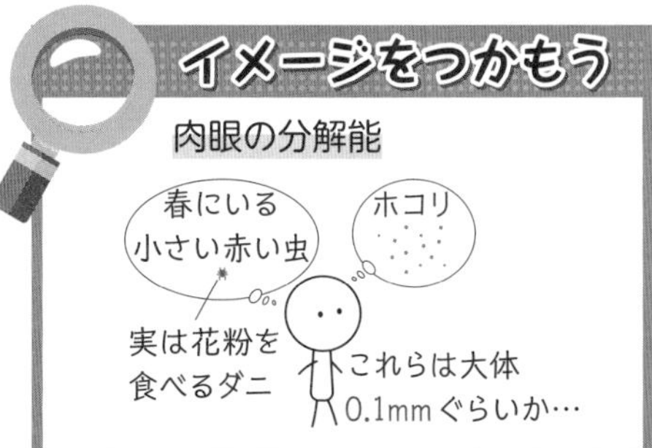

テーマ11 細胞分画法

板書

❶
細胞分画法

…細胞を破壊して，核やミトコンドリアなどの細胞小器官を生体内に近い無傷な状態で分離する方法

➡遠心力を利用

❷
・組織片をスクロース溶液とともにすりつぶし，細胞破砕液をつくる。

（このとき，細胞小器官の破裂を防ぐため，細胞内の濃度と同じ濃度のスクロース溶液を用意する。
また，細胞内の酵素のはたらきを抑えるため，低温で破砕する。）

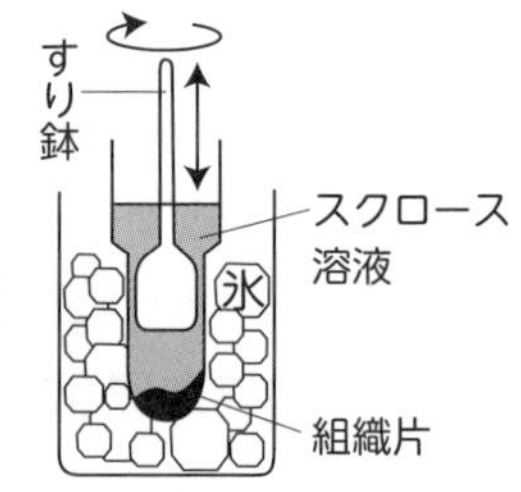

❸
・細胞破砕液を遠心器にかける。このとき，遠心力を段階的に作用させると，細胞小器官の大きさによって分画される。

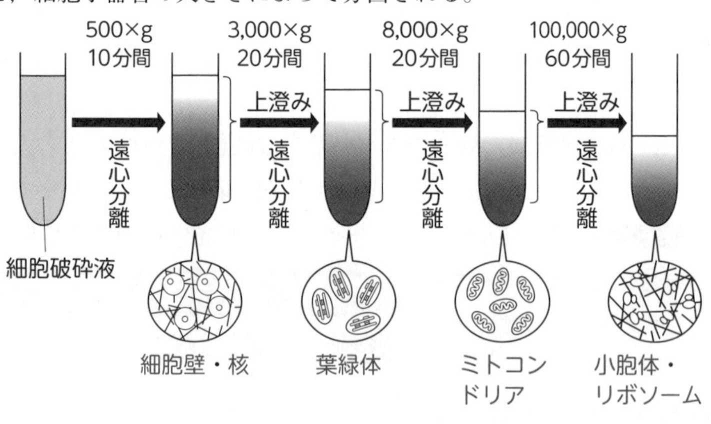

ポイントレクチャー

❶　各細胞小器官を“大きさ”の違いを利用して分離する方法である**細胞分画法**について説明するね。細胞分画法とは，遠心力を段階的に作用させることで，大きさの違うそれぞれの細胞小器官を取り出す方法のことだよ。

❷　まず，図にあるホモジェナイザーという装置で細胞を破砕することで，細胞小器官を取り出しやすい状態にするんだ。このとき，蒸留水など，濃度が低い溶液を使ってしまうと，細胞小器官が破裂してしまう恐れがあるので，細胞内の濃度と**同じ**濃度の**スクロース**溶液を用意することに注意しよう。また，常温で細胞を破砕してしまうと，細胞自身がもつ酵素によって細胞小器官が破壊されてしまう恐れがあるので，**低温**で破砕することにも注意しようね。

❸　遠心力を段階的に作用させることで，それぞれ大きさが異なる細胞小器官の沈む順が決まり，それにより各細胞小器官が分画される。ここで，**すべての細胞小器官が取り出せるわけではない**ことを押さえておいてほしい。あくまで，細胞分画法で取り出せるのは「**細胞壁**」「**核**」「**葉緑体**」「**ミトコンドリア**」「**小胞体**」「**リボソーム**」の６つの細胞小器官である。これらを“大きさ”の順(遠心分離で沈む順)で押さえておこう。ちなみに，**テーマ10**で勉強したように，**葉緑体がミトコンドリアよりも大きい**こと，**リボソームは光学顕微鏡で見えないくらい小さい**ことを踏まえておけば，この順番も頭に入りやすくなるよ。また，このときに取り出される「**小胞体**」は“生物基礎”分野ではなく“生物”分野で勉強する細胞小器官ではあるが，細胞分画法について勉強するときだけは押さえておいてほしい。小胞体は，リボソームでつくられたタンパク質を輸送する一重膜構造をもった細胞小器官だよ。

ゴロで覚えよう

細胞分画法において，細胞小器官の沈む順

壁に書く、緑の実と 小さなリボン！

壁（細胞壁）　書く（核）　緑（葉緑体）　実と（ミトコンドリア）　小（小胞体）　リボン（リボソーム）

テーマ12 ミクロメーターの操作法

板書

ミクロメーターによる観察物の大きさの測定

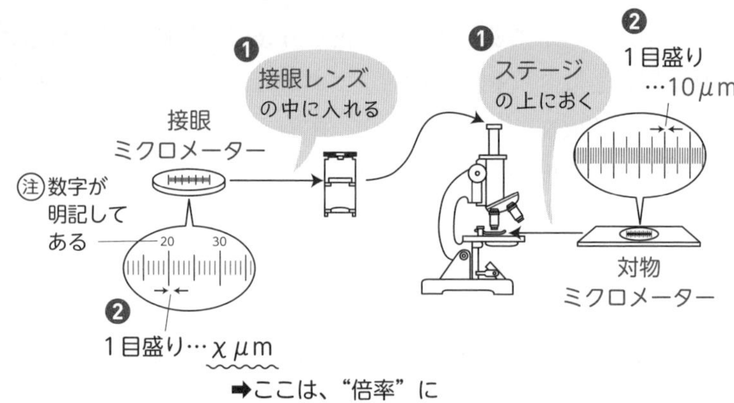

➡ここは、“倍率”に
よって変わってくる。

❸
～ミクロメーターの使用法～

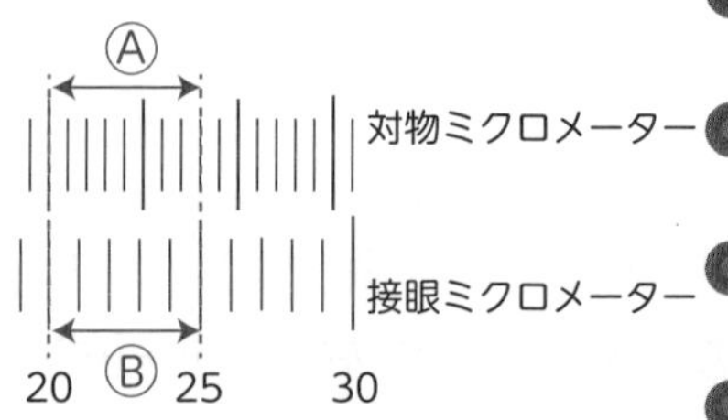

- 両方のミクロメーターをセットし，対物ミクロメーターと接眼ミクロメーターの目盛りが一致するところを2ヵ所探す。
- 対物ミクロメーターの１目盛りは10 μmなので，以下のように立式できる。これによって接眼ミクロメーター1目盛りの長さを求める。

$$\overbrace{10\ \mu m \times 8\text{目盛り}}^{\text{Ⓐでの距離}} = \overbrace{x\ \mu m \times 5\text{目盛り}}^{\text{Ⓑでの距離}} \qquad x = 16(\mu m)$$

- 対物ミクロメーターから，観察物をのせたプレパラートに変え，観察物が接眼ミクロメーター何目盛り分を示すかを測定し，観察物の大きさを求める。

例 観察物の大きさが接眼ミクロメーター3目盛り分だった場合

$$16\ \mu m/\text{目盛り} \times 3\text{目盛り} = 48\ \mu m$$

ポイントレクチャー

❶ まずは，各ミクロメーターのセットの方法をつかんでおこうね。接眼ミクロメーターは**接眼レンズ**の中に入れ，対物ミクロメーターは**ステージ**の上におくんだ。

❷ 次に，**対物ミクロメーターの1目盛りの長さが「10μm」であることを必ず暗記しよう**！接眼ミクロメーターは接眼レンズの中にあるため，対物レンズの倍率が変わることで接眼ミクロメーターの1目盛りの長さも変わってしまうんだ。だからとりあえず，ここでは，接眼ミクロメーターの1目盛りの長さを「x μm」にしておくと，あとで計算しやすくなるよ。

❸ ここで，接眼ミクロメーター1目盛りの求め方，および，観察物の大きさの測定方法を説明するね。まず，図のように，**視野内で各ミクロメーターの目盛りが重なるところを2カ所探し，線を引こう**。次に，対物ミクロメーター1目盛りの長さ「10μm」と接眼ミクロメーター1目盛りの長さ「x μm」を利用して，**各ミクロメーターの重なったところのそれぞれの距離を出し，「＝(イコール)」でつないで立式し，接眼ミクロメーター1目盛りの長さ(x)を求めよう**。その後，接眼ミクロメーター1目盛りの長さ(x)を用いて，観察物の大きさを測定するんだ。このことから，観察物の大きさを直接測定するために必要な器具は接眼ミクロメーターのみで，あくまで“**対物ミクロメーターは接眼ミクロメーター1目盛りの長さを求めるだけの器具**”であることがわかるね。

覚えるツボを押そう

接眼ミクロメーター1目盛りの求め方

対物ミクロメーターと接眼ミクロメーターの目盛りが重なったところのそれぞれの距離を「＝(イコール)」でつないで立式

対物ミクロメーターの重なったところの距離		接眼ミクロメーターの重なったところの距離
10 μm × 対物ミクロメーターの目盛り数	＝	x μm × 接眼ミクロメーターの目盛り数

テーマ13 ミクロメーターの計算問題

板書

ミクロメーターの計算問題

接眼ミクロメーターと対物ミクロメーターをセットし，倍率10倍の対物レンズと倍率10倍の接眼レンズで観察したところ，図Aのように見えた。次に対物レンズを40倍のものに変えて，ある細胞を観察したところ，図Bのように見えた。

図A

対物ミクロメーター

10　15　20　25　30

接眼ミクロメーター

図B

細胞

10　15　20　25　30

接眼ミクロメーター

問1　図Aのときの，接眼ミクロメーター1目盛りの長さは何μmか。
問2　図Bのときの，接眼ミクロメーター1目盛りの長さは何μmか。
問3　この細胞の大きさ(長径)は何μmか。

解説

図A

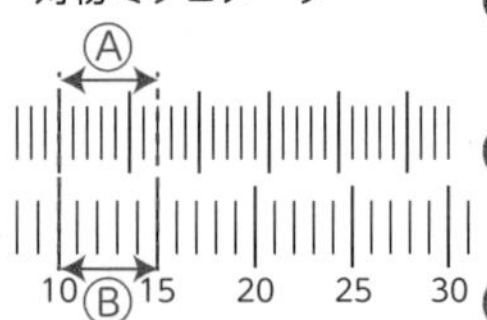

問1

Ⓐでの距離　　Ⓑでの距離

10 μm × 7目盛り　＝　x μm × 5目盛り

x ＝ 14(μm)…(答)

❶

問2

〈視野内〉

(対物レンズが10倍(図A)のとき)　(対物レンズが40倍(図B)のとき)

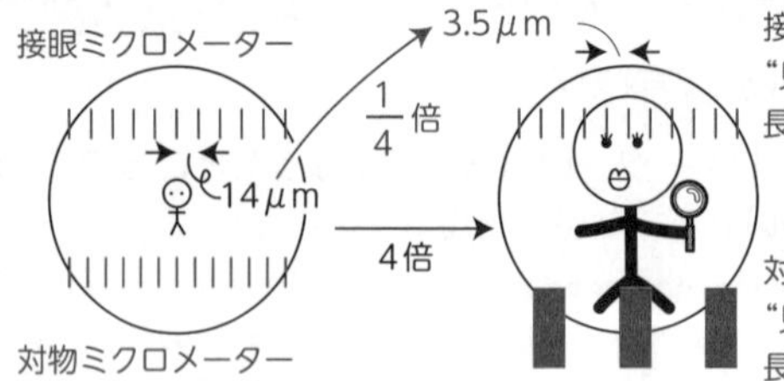

接眼ミクロメーターにおいて，“見た目”の1目盛りの長さは変わらない

対物ミクロメーターにおいて，“見た目”の1目盛りの長さは4倍になる

3.5(μm)…(答)

問3　図Bでの細胞の大きさ(長径)は接眼ミクロメーター9目盛り分なので，

3.5 μm／目盛り × 9目盛り ＝ 31.5(μm)…(答)

ポイントレクチャー

❶ 問2は，対物レンズの倍率が変わることで，問1で算出した接眼ミクロメーター1目盛りの長さも変わることを題材とした問題だよ。しっかり対策していこうね。ここで，対物レンズの倍率を4倍高くした(10倍→40倍)場合のイメージを図にしてみたので見てほしい。**ステージの上にある対物ミクロメーターの“見た目”の1目盛りの長さは4倍になるが，接眼レンズの中にある接眼ミクロメーターの“見た目”の1目盛りの長さは変わらないことに注目したい**！つまり，倍率が上がったことにより，目標物(小人)の大きさを測定する接眼ミクロメーターの目盛りが図Aのときと比べて“細かく”なったことがわかるね。したがって，接眼ミクロメーター1目盛りの長さが図Aのときに比べて，$\frac{1}{4}$倍になったことになる。このことから，図Bのときの接眼ミクロメーター1目盛りの長さは14 μm ÷ 4 = 3.5 μmになることがわかるね。あとは，この数値を用いて，問3に挑んでいこう。

類題を解こう

ミクロメーターを用いた原形質流動(テーマ4)の計算問題

接眼レンズの倍率が10倍，対物レンズの倍率が10倍のとき，接眼ミクロメーター5目盛りと対物ミクロメーター10目盛りが一致していた。次に対物レンズを40倍のものに交換して(接眼レンズはそのまま)，細胞内のある構造体が接眼ミクロメーター12目盛りを移動するのに要する時間を測定したところ4秒かかった。このとき，この構造体の移動速度は何μm／秒か。

解説

$\underbrace{10\mu m \times 10\text{目盛り}}_{\text{対物ミクロメーター}} = \underbrace{x\,\mu m \times 5\text{目盛り}}_{\text{接眼ミクロメーター}}$　$x = 20(\mu m)$

倍率を4倍高くしたことより，接眼ミクロメーター1目盛りの長さは
20μm ÷ 4 = 5μmとなる。

$\underbrace{5\mu m \times 12\text{目盛り}}_{\text{構造体の移動距離}} \div \underbrace{4\text{秒}}_{\text{構造体の移動時間}} = 15(\mu m／秒)$…(答)

(㊟ 距離÷時間＝速さ)

テーマ14 単細胞生物と多細胞生物

板書

単細胞生物から多細胞生物へ

❶（生物の進化の歴史）

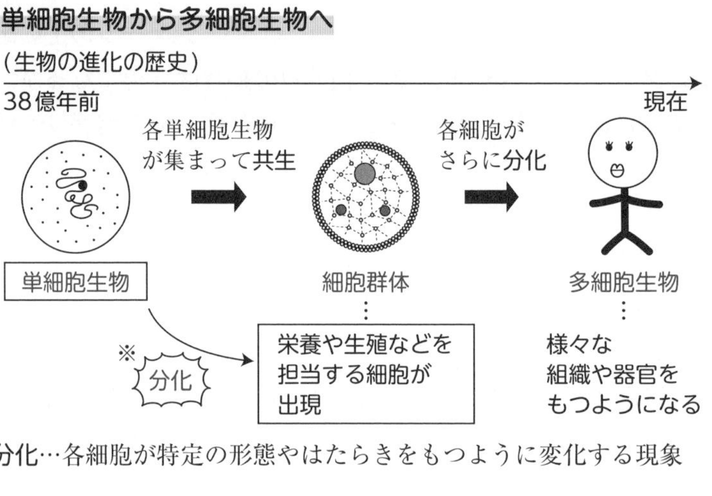

※分化…各細胞が特定の形態やはたらきをもつように変化する現象

❷
～単細胞生物～

例として，原核生物，真核生物のうちアメーバ・ゾウリムシなどの原生動物，クラミドモナス・クロレラなどの一部の緑藻類などがあげられる。

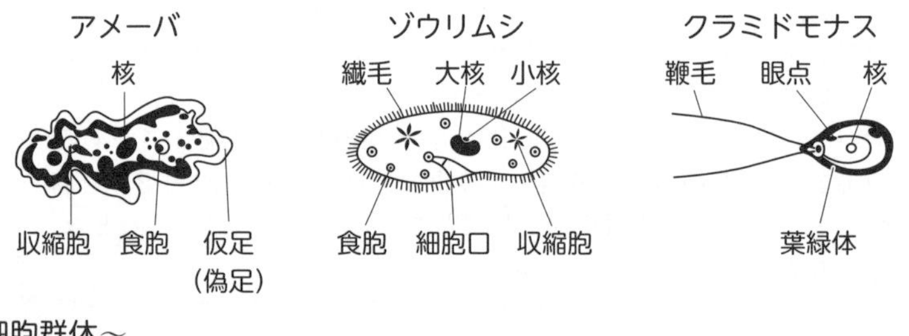

～細胞群体～

2個体以上の単細胞生物が集合したもの。細胞どうしの連絡があるものもある。クラミドモナスに似た細胞が集合している。

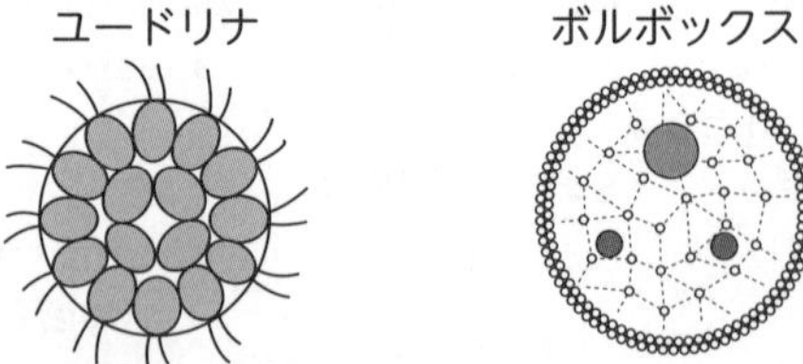

ポイントレクチャー

❶　38億年前に誕生した“原始生命体”は**単細胞生物**であったと考えられている。そのような生物が僕たちのような**多細胞生物**へと進化する間にどのようなことが起きたのか，それについてひも解いていこう。これにはテーマ2で勉強した「**共生**」が深くかかわっている。単細胞生物どうしが集まって共生し，他個体との関連ができたことによって，図のような**分化**が生じたことが，多細胞生物へと進化したきっかけになったと考えられているよ。ここでも，“知識をつなげていく”ことの大切さがうかがえるね。

❷　今現在生きている単細胞生物は，細胞1つでたくさんの機能をもっている。例えば，ゾウリムシの収縮胞はヒトでいう“腎臓”と同じ機能をもち，食胞は“胃腸”と同じ機能をもっている。もともとはヒトもゾウリムシも共通の生命体であったことから考えると，他個体との共生を望んで進化したヒトと，共生を望まずに進化したゾウリムシでは，ただ進化の方向性が違っただけなんだということがわかるね。

あともう一歩踏み込んでみよう

ヒトとゾウリムシの進化

下のⒶ・Ⓑのうち，どちらが正しい進化の道筋を表しているか？

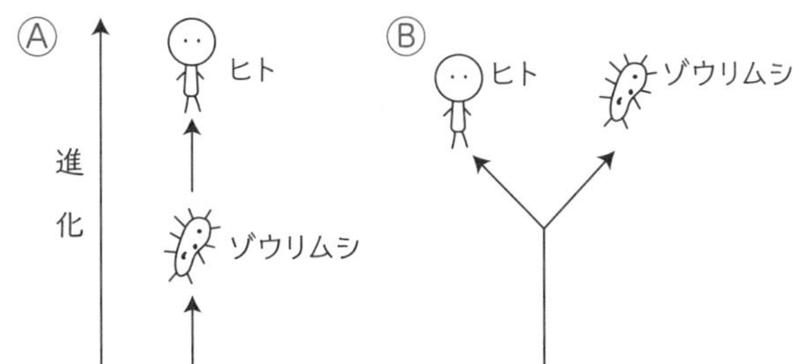

➡**正解はⒷである！**

（もし，Ⓐが正しいなら，今現在生きているヒトはゾウリムシから進化したことになる。それはさすがに考えにくい…。ヒトに比べ，ゾウリムシなどの単細胞生物を“進化的に下等”だとみなす考えがあるが，著者本人は，ゾウリムシとヒトは“進化的に同等”であると考えている。）

テーマ15 遺伝子の本体

板書

遺伝子の本体

❶ ➡ ・親から子に伝わるもの
・からだの設計図

1865年　メンデル(オーストリア)
「遺伝子は因子である」
1903年　サットン(アメリカ)
「遺伝子は染色体上に存在する(＝染色体説)」

⬇

❷

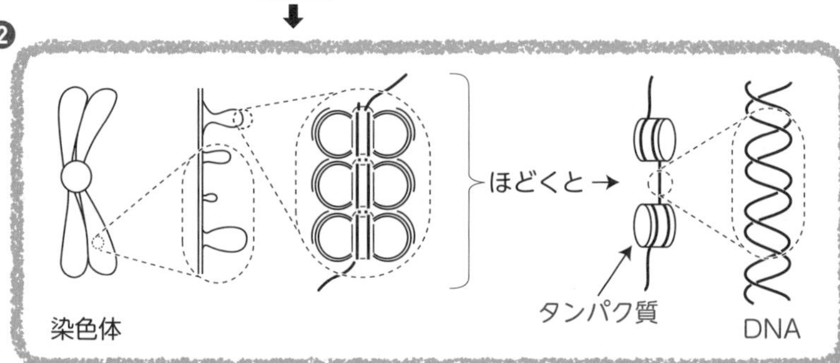

このように，染色体上に存在する物質は「DNA」と「タンパク質」の2つしかない。遺伝子の本体は，“この2つのどっちか”ということになる。

(～1930年代)

❸ 当時の研究者

しかし，今現在，「遺伝子の本体はDNA」となっている。

⬇　このことを証明したのが

・1928年　グリフィス(イギリス)
・1944年　エイブリー(アメリカ)
・1952年　ハーシー(アメリカ)とチェイス(アメリカ)

の実験である。

➡テーマ18～20にて詳しく

ポイントレクチャー

❶ 第２章のテーマは「**遺伝子**」。**そこで，まずは遺伝子の定義を２つ完璧に押さえておこう**！これをしっかりと把握しておくと，今後の勉強がスムーズにいくはずだよ。

❷ **サットン**が「**遺伝子が染色体上に存在する**」ことをはじめて示したことにより，世の研究者たちが“染色体に含まれるどの物質が遺伝子を担当する物質(**遺伝子の本体**)であるか”を調べ始めた。すると，染色体に存在する物質は「**DNA**」と「**タンパク質**」の２つだけであることがわかった。ここから，遺伝子の本体が「DNA」であるか「タンパク質」であるかの論争が始まったよ。

❸ もちろん，**今現在では，遺伝子の本体は「DNA」であることは当然である**！しかし，1930年代までは遺伝子の本体は「**タンパク質**」であると考える研究者が多かった。タンパク質はホルモンなど，体内の情報伝達を担当する物質などを構成しているため，当時の研究者には「タンパク質➡情報伝達を行う➡親から子に伝わる➡遺伝子」とイメージしやすかったみたいなんだ。確かに，左ページの図を見ても，タンパク質が“本体”で，DNAがクリップのような“留め金”に見えなくもないかも…。ちなみに，染色体を構成しているタンパク質を**ヒストン**というんだよ。それにしても，「遺伝子の本体はタンパク質」と考えられていたのに，結果的に「**遺伝子の本体はDNA**」であることを示す実験を行った**グリフィス**，**エイブリー**，**ハーシー**と**チェイス**の４人の研究者は本当に偉大な方たちだね。彼らの実験については，テーマ18~20にて詳しく説明していくね。

生物学史と偉人伝

“遺伝”研究から“遺伝子”研究へ

バッタの細胞を使って減数分裂(テーマ21)の研究を行っていたアメリカのサットンは，25歳の若さで，細胞分裂中の染色体のようすから「メンデルの遺伝の法則」を見出した人物である。これにより，“遺伝”研究が“遺伝子”研究へと発展していった。

サットン

テーマ16 DNA の構造

板書

ヌクレオチドを基本単位とする

DNA について

❶ DNA は「デオキシリボ核酸」っていう物質

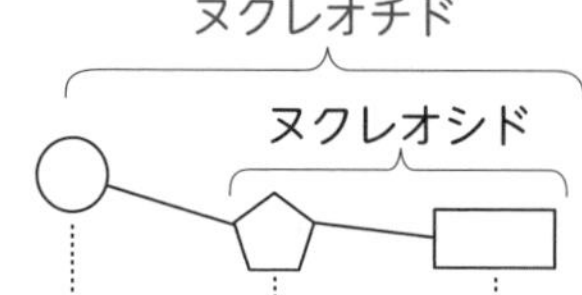

（㊟ATPもヌクレオチドの一種）

	リン酸	(五炭)糖	塩基	構造	長さ
DNA (デオキシリボ核酸)	リン酸	デオキシリボース	A,T, G,C	2本鎖	長い
RNA (リボ核酸)	リン酸	リボース	A,U, G,C	1本鎖	短い

❷ 塩基の並び(**塩基配列**)によって，遺伝子の種類や形質が決まってくる。(A：アデニン　T：チミン　G：グアニン　C：シトシン)

➡塩基は“大きさ”によって2大別される。

(大きい塩基) **プリン塩基**　…　A と G
(小さい塩基) **ピリミジン塩基**　…　C と U と T

DNA の構造は二重らせん構造

これらの実験を元にして…

❸ 1953年　**ワトソン**(アメリカ)と**クリック**(イギリス)

1949年　**シャルガフ**(アメリカ)「塩基対合則」
➡ A：T＝1：1　G：C＝1：1
1952年　**ウィルキンス**(イギリス)と**フランクリン**(イギリス)
「DNA の X 線構造回析」

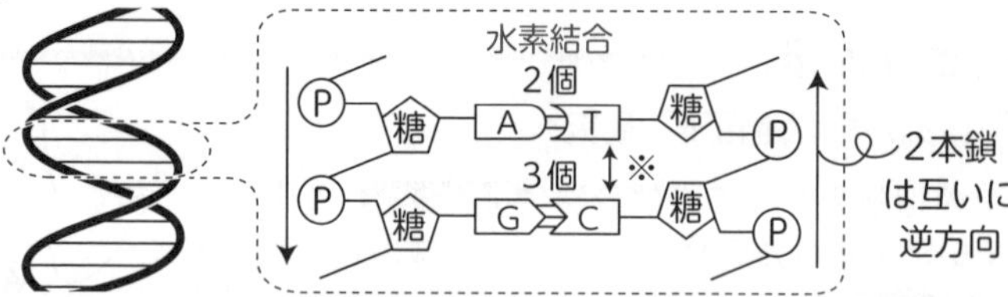

※3.4Å(1Å＝10^{-7}mm➡ テーマ10)

❹〔特徴〕
・二重らせんの内側で A と T，G と C が相補的に水素結合
・2本鎖は互いに逆方向

ポイントレクチャー

❶ 遺伝子の本体であるDNAとは何か？まずは，それについて押さえていこうね。DNAは**デオキシリボ核酸**という物質で，**ヌクレオチド**を基本単位として構成されている物質。さらに，ヌクレオチドは「**リン酸**」「**(五炭)糖**」「**塩基**」からなるよ。**同じ核酸の仲間であるRNAとともに，(五炭)糖や塩基の種類，全体の構造や長さなどについて押さえておこう**！

❷ **塩基配列**によって，僕たちのからだを設計する遺伝子の種類や遺伝子によってつくられる形質が決まってくる。例えば，著者本人の髪の毛は生まれつき天然パーマだけど，この本を読んでいる人も天然パーマなら，毛髪の性質を決める遺伝子に関しては，著者本人と“同じ塩基配列をもつ”ということになるよ。**ここでは，A・T・G・Cのカタカナでの名称，プリン塩基とピリミジン塩基に分類される各塩基をしっかりと覚えよう**！

❸ “20世紀最大の発見”と称される研究がこの**ワトソン**と**クリック**の「DNAの**二重らせん構造**」の研究である。**シャルガフ**や**ウィルキンス**，または**フランクリン**の実験を元にして，ワトソンは25歳という若さでDNAの細かい分子構造を解明したよ。クリックはのちに，生命現象の基本原則である**セントラルドグマ**(テーマ24)を提唱した研究者として有名だよ。ここで驚きなのが，ワトソンの元々の専門は化学，クリックの専門は物理学ということだ。

ワトソン　クリック

❹ DNAの二重らせん構造の特徴を2つ，つかんでおこうね。**特に，「AとT，GとCが鍵と鍵穴の関係のように相補的に結合していること」は今後の勉強で重要になってくるから，絶対に押さえておこう**！

ゴロで覚えよう

プリン塩基とピリミジン塩基

ミジンにCUT！
ピリミジン
塩基

テーマ17 DNA の構造の計算問題

板書

DNA の塩基組成を求める計算問題

あるDNAについて，これを構成する塩基組成を調べたところ，GとCの合計が全塩基数の46%を占めていた。また，一方の鎖(H鎖とする)を構成する塩基については，この鎖の全塩基数の28%がAであった。H鎖と対をなすH′鎖の全塩基数のうち何%がAか。

❶ 解説 以下の表を書く！

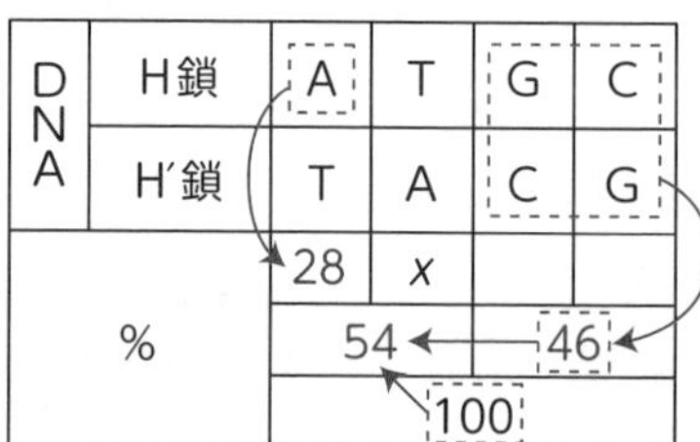

G + C = 46%より A + T = 100% − 46% = 54%となる。
左の表にて，H′鎖の A = x %とおくと，H鎖の A = 28%より
28% + x % = 54%となる。
x = 26(%)…(答)

DNA の長さを求める計算問題

分子量が 2.1×10^9 である大腸菌のDNAの長さは何mmか。ただし，塩基対間の距離を 3.4×10^{-7} mm，DNA中のヌクレオチド1個当たりの平均分子量を350とする。

❷ 解説 以下の図を書く！

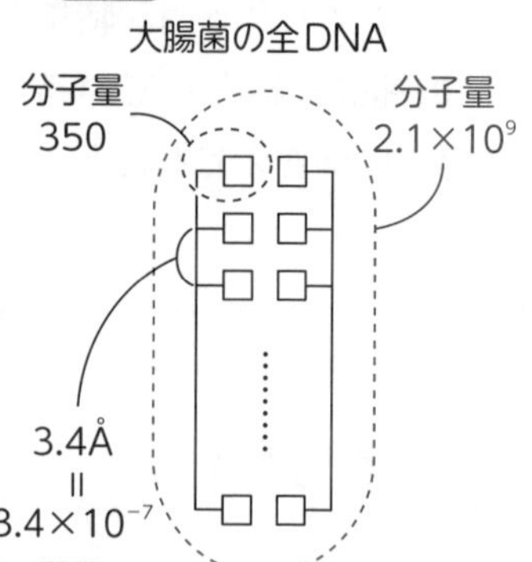

$2.1 \times 10^9 \div 350 = 6.0 \times 10^6$(個)
…DNA中のヌクレオチドの数
6.0×10^6(個) $\div 2 = 3.0 \times 10^6$(対)
…DNA中のヌクレオチド対の数
「ヌクレオチド対の数」=「塩基対の数」より，3.0×10^6(対)が塩基対の数となり，これに塩基対間の距離を掛ければよい。
3.0×10^6(対) $\times 3.4 \times 10^{-7}$(mm)
= 1.02(mm)…(答)

ポイントレクチャー

❶ DNAの塩基組成を求める計算問題の中には**テーマ16**で勉強したシャルガフの「塩基対合則(A：T＝1：1，G：C＝1：1)」を使えば簡単に解ける問題(例 二本鎖DNAのA＝T＝20％，G＝C＝30％だけが問われる問題)もあるが，本問のように，**二本鎖DNAのうちの一方の鎖における塩基の割合が問われる問題**もある。**この場合は，とにかく左ページの表を書くことをオススメする**！あとは解説にあるように，表の空白に問題文に沿った数値を代入していけば解けるよ。

❷ **DNAの長さを求める計算問題では，左ページのような図を書き，問題文に書かれている数値を1つ1つ丁寧に当てはめていくことをオススメしたい**！図を書いたあと，まず，最初に行うことは，DNA全体の分子量とヌクレオチド1個当たりの分子量からヌクレオチド数を算出すること。そのあと，**ヌクレオチド2個**で**ヌクレオチド対1対**になることに注意して，ヌクレオチド対の数を求めていくのね。そして，最後に，**「ヌクレオチド対の数」＝「塩基対の数」(⬅ヌクレオチド1個当たりに塩基は必ず1個含まれるためこうなる)**を利用して，塩基対の数と塩基対間の距離を掛け合わせれば答えが出るよ。本問でしっかり解法パターンをつかんでおこうね。

類題を解こう

DNAの長さを求める計算問題

ある動物の細胞1個に含まれるDNAの分子量を1.6×10^{12}とすると，このDNAを切れ目なくつないだ場合の長さは何mか。ただし，塩基対間の距離を3.4×10^{-7}mm，DNA中のヌクレオチド1個当たりの平均分子量を320とする。

解説

$1.6 \times 10^{12} \div 320 = 5.0 \times 10^9$(個)… DNA中のヌクレオチドの数

5.0×10^9(個)$\div 2 = 2.5 \times 10^9$(対)

… DNA中のヌクレオチド対(塩基対)の数

2.5×10^9(対)$\times 3.4 \times 10^{-7}(mm)\times 10^{-3} = 0.85$(m)…(答)

(⬆単位をmm→mに換算し直すことに㊟)

02 遺伝子とそのはたらき

テーマ18 グリフィスの実験

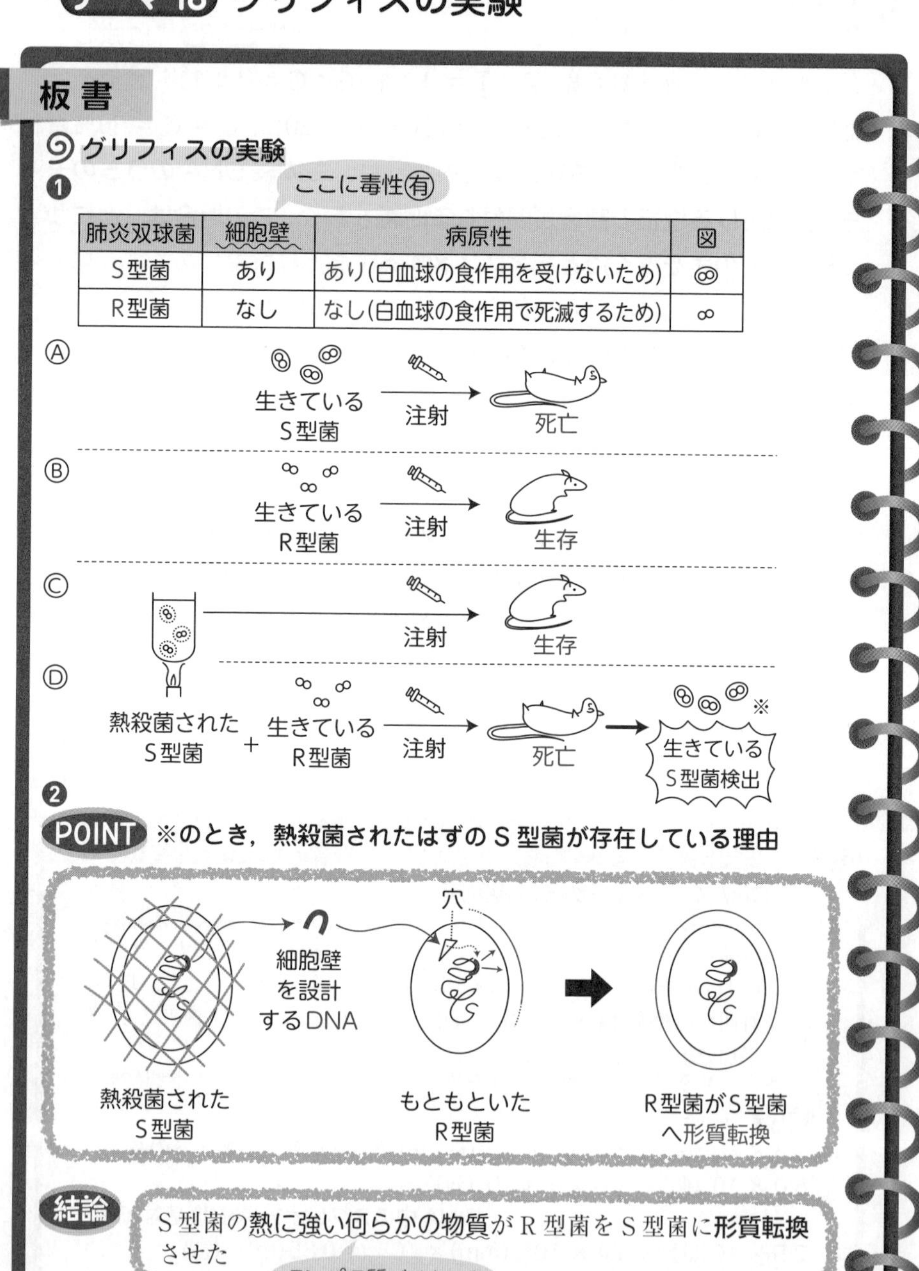

ポイントレクチャー

❶ **グリフィス**が行った実験の概要をつかんでおこう。**細菌**(**原核生物**)の一種である**肺炎双球菌**には病原性の**S 型菌**と非病原性の**R 型菌**がいるよ(実験Ⓐとⓑ)。また，熱殺菌されたS型菌ではその病原性は失われる(実験Ⓒ)。しかし，熱殺菌されたS型菌と生きているR型菌を混合培養してマウスに注射した場合，マウスは肺炎にかかり死亡して，その体内から生きているS型菌が検出された(実験Ⓓ)。**実験Ⓓは実験Ⓑと©が合わさった実験なのに，その結果が実験Ⓑや©と異なっている**！これは一体どういうことなのだろう？

❷ 実験Ⓓで熱殺菌されたはずのS型菌が存在している理由を図に示すね。それは，熱殺菌されたS型菌の**細胞壁**を設計する**DNA**が生きているR型菌の中に入り込んで，そのDNAが「**遺伝子**(**からだの設計図**)」としてはたらいて，R型菌がS型菌へ**形質転換**したからだよ。**ここで，押さえておくべきなのは，DNA は熱に強い性質をもっていて，タンパク質は熱に弱い性質をもっていること**！グリフィスの実験では“DNAが実際にR型菌の中に入り込んだこと”自体は証明されなかったので，R型菌をS型菌に形質転換させる遺伝子の本体は“**熱に強い何らかの物質**”であり，「遺伝子は**タンパク質**ではない」ことがそれとなく示されたんだ。

あともう一歩踏み込んでみよう

生物実験の２大別

◆生体内(in vivo)実験…生命現象の **“発見”**
　➡グリフィスの実験…ノーベル賞授賞せず
◆試験管内(in vitro)実験…生命現象の **“解明”**
　➡**ハーシーとチェイス**の実験(テーマ 20)
　…ノーベル賞授賞！！

グリフィスの実験は，実際にマウスの体内で起きている生命現象を確実に“解明”できない(生命現象の“発見”しかできない)in vivo 実験である。なぜ，“解明”できないかというと，体内で起きていることは，目で見て判断できないからである。そのため，in vivo 実験より，生命現象(またはその情報)を生体外で表現でき，その“解明”へとつながる in vitro 実験の方が世の中に評価されやすい。

テーマ19 エイブリーの実験

板書

エイブリーの実験

❶ ➡エイブリーはグリフィスの実験をシャーレ上で再現しようとした。

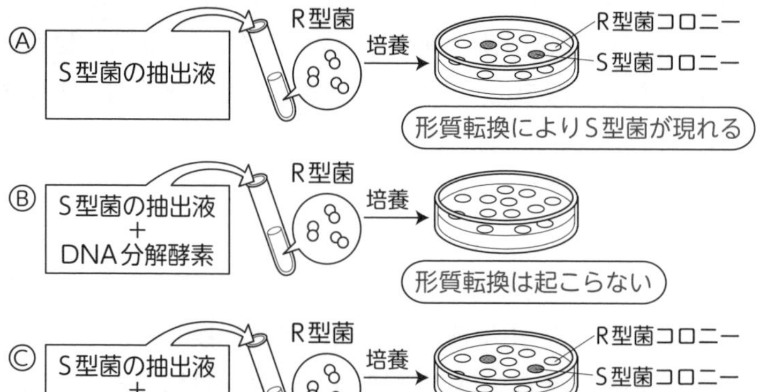

❷

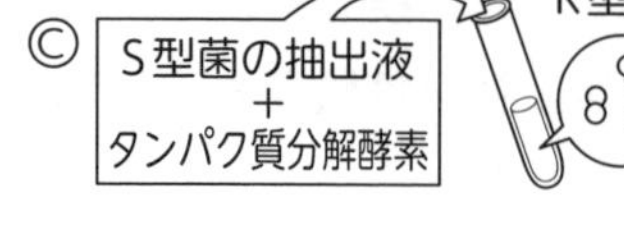

・Ⓐ「S型菌の抽出液」には**S型菌のDNA**が含まれる
➡R型菌からS型菌への形質転換が行われる

・Ⓑ「S型菌の抽出液＋DNA分解酵素」には**S型菌のDNA**が含まれない
➡R型菌からS型菌への形質転換が行われない

・Ⓒ「S型菌の抽出液＋タンパク質分解酵素」には**S型菌のDNA**が含まれる
➡R型菌からS型菌への形質転換が行われる

結論

R型菌を**S型菌のDNAを含む溶液**と合わせて培養したときのみ，**形質転換によりS型菌が現れたこと**から，R型菌をS型菌に形質転換させた**遺伝子の本体**は「**DNA**」である

ポイントレクチャー

❶ テーマ18で勉強したグリフィスの実験に引き続き，**エイブリー**が行った実験の概要もつかんでおこう。エイブリーはグリフィスの実験をシャーレ上で再現しようとしたのね。つまり，グリフィスの実験において，マウスの体内で起きていること(**R型菌がS型菌へ形質転換したこと**)を“体外”で表現しようとしたんだよ。

❷ この実験において，S型菌の抽出液，またはS型菌の抽出液にタンパク質分解酵素を加えたものにはS型菌のDNAが含まれ**る**ため，R型菌からS型菌への形質転換が行われ**た**(実験Ⓐと©)。また，S型菌の抽出液にDNA分解酵素を加えたものにはS型菌のDNAが含まれ**ない**ため，R型菌からS型菌への形質転換は行われ**なかった**(実験Ⓑ)。これにより，グリフィスの実験のマウス体内で起きたとされる「R型菌からS型菌への形質転換」をシャーレ上で示し，遺伝子の本体が「**DNA**」であることが示された。しかし，この実験において，“**本当にS型菌のDNAがR型菌の中ではたらいて形質転換が起きたのかどうか**”が完璧に証明されず，エイブリーははっきりと「遺伝子の本体＝DNA」であることを示すことができなかったから，ノーベル賞を授賞できなかったのね。「遺伝子の本体がDNAである」ことをはっきりと示すことができ，ノーベル賞を授賞した**ハーシー**と**チェイス**の実験についてはテーマ20で詳しく説明するね。

生物学史と偉人伝

「遺伝子の本体」の発見

グリフィスの実験(1928年)では，あくまで「遺伝子の本体はタンパク質ではない」という結論に留まった。野口英雄も所属していたアメリカのロックフェラー研究所に所属していたエイブリーは，1944年，67歳で左ページの実験を行い，遺伝子の本体は「DNA」であることを示した。この成果により，その後の遺伝子研究が大きく発展していったことは，テーマ16のワトソンとクリックの研究(1953年)やテーマ20のハーシーとチェイスの実験(1952年)から伺えるだろう。

エイブリー

02 遺伝子とそのはたらき

テーマ20 ハーシーとチェイスの実験

板書

ハーシーとチェイスの実験

❶

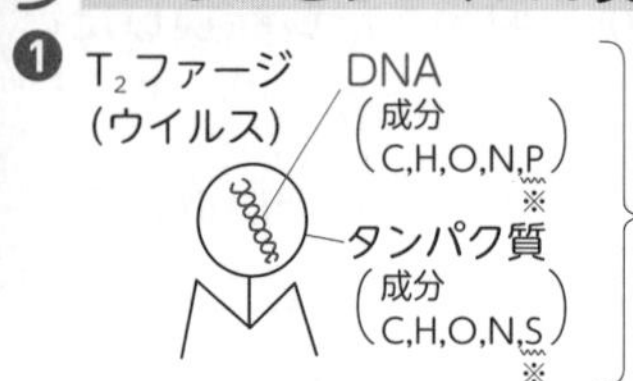

これしかもっていないため，遺伝子の本体が「DNA」と「タンパク質」のどちらであるか決定しやすい。

※放射性同位体

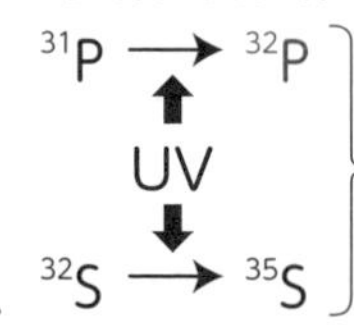

放射線を放ち，量を測定できる元素。
これにより「^{32}P = DNA」「^{35}S =タンパク質」として区別できるようになる。

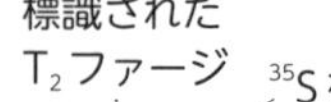

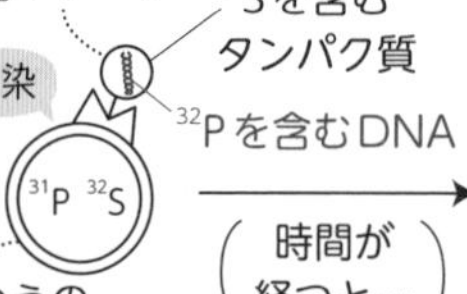

POINT

ここで，**大腸菌体内に入り**，溶菌させ，子ファージをつくる遺伝子の本体となったのは，「**DNA**」と「**タンパク質**」のどちらなのか？

❸

実験

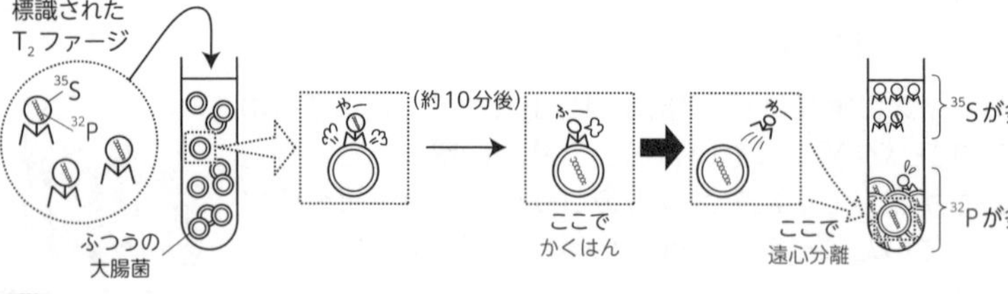

結論

DNAが試験管の沈殿層の**大腸菌体内に注入され**，子ファージをつくる「遺伝子の本体」としてはたらいた

ポイントレクチャー

❶ **ハーシー**と**チェイス**は「**DNA**」と「**タンパク質**」しかもっていない T_2 **ファージ**という，大腸菌体内に寄生して増殖する**ウイルス**を用いて実験を行ったよ。彼らは，放射性同位体という“量を測定できる元素”を利用し，「^{32}P = DNA」「^{35}S =タンパク質」として，**体内（大腸菌体内）におけるDNAとタンパク質の所在を目で見てわかるようにし**，体内の情報を“体外”に持ち出すことに成功したよ。このように，グリフィスやエイブリーとは全く異なる手法で実験したことを押さえておこう。

❷ **ここで確認しておきたいことは，ファージが大腸菌に感染したあと，子ファージが大腸菌体内から出てくること**！これにより，親ファージがもつ「DNA」か「タンパク質」かのいずれかの成分が大腸菌体内に入り，**子ファージをつくる遺伝子の本体**となってはたらいた，ということが考えられる。あとは，実験で“大腸菌体内に入った成分がどちらであるか”に注目すればいいんだよ。

❸ 図の通り，T_2 ファージの「**DNA**」が大腸菌体内に入ったことがわかるね。このとき，ハーシーとチェイスは遠心分離後の上澄み液には**「^{35}S =タンパク質」が多く**，沈殿層には**「^{32}P = DNA」が多い**ことを確認し，“大腸菌内に入り，子ファージをつくる遺伝子の本体となってはたらいたのはDNAである”ことをはっきりと示したよ。

あともう一歩踏み込んでみよう

細菌とウイルス

◆**細菌**…れっきとした“生物”
例　大腸菌，肺炎双球菌など

◆**ウイルス**…“生物”とはいえない
例　T_2 ファージ，HIVなど

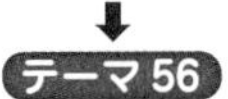

（ハーシーとチェイスが扱った材料である T_2 ファージは，子どもをつくり，いかにも“生物”のように見えるが，「細胞構造をもたない」「代謝を行わない」「細胞に侵入しないと増殖できない」ことから，完全な生物とはいえない。ウイルスのことを「living-unliving creatures（半死状態の生物）」と表現する論文もある。）

テーマ21 核相と体細胞分裂

板書

核相…細胞の核がもっている染色体の状態

例　キイロショウジョウバエ($2n=8$)

❶ （これは一体どういうことか？）

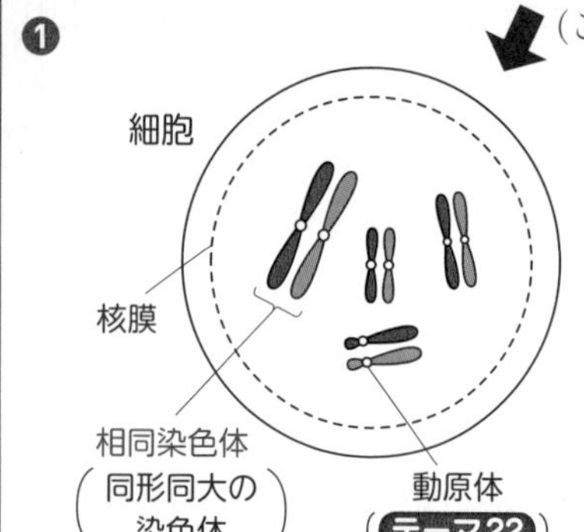

相同染色体が 2 本ずつ　合計 8 本

$2n = 8$ 本

…母親由来

…父親由来

❷

POINT ゲノム

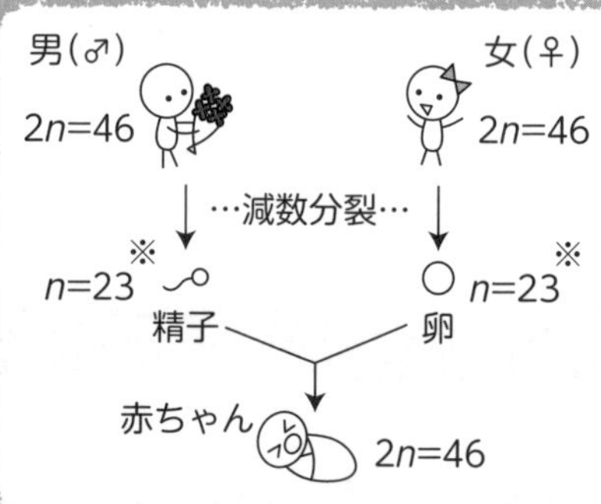

※精子や卵➡生きている！
このような「生きるために最低限必要な染色体の1セット」をゲノムという

（➡ gene + chromosome
（遺伝子）　（染色体））

押しつぶし法（体細胞分裂の観察法）

❸〔手順〕（材料：タマネギの根端）

(1) 根端の切り取り

(2) 固定（酢酸，カルノア液）⬅ テーマ9

(3) 解離（塩酸）… ペクチン（テーマ4）を溶かし，細胞どうしを離れやすくする

(4) 染色（酢酸カーミン，酢酸オルセイン）⬅ テーマ9

(5) 押しつぶし … 細胞どうしの重なりを失くし，観察しやすくする

ポイントレクチャー

❶ **核相**は，同形同大の染色体である**相同染色体**の本数で決まるよ。図にあるように，相同染色体が2本ずつである場合，核相は「**2*n***」と表現するのね。キイロショウジョウバエと同様，僕たちヒトも，母親と父親から相同染色体を1本ずつ譲り受けるから，ヒトの体細胞(精子や卵以外の細胞)の核相も $2n$。一般に，核相では**“性別の数が係数になる”**と考えればわかりやすいよ。**あと，核に含まれる染色体の合計数を右辺において「2*n* = 8」と表現することも押さえておこう**！ヒトの体細胞の核相と染色体数は「**2*n* = 46**」だよ。

❷ 精子や卵をつくる分裂を減数分裂というよ。減数分裂によって生じた精子や卵の核相は「n」であり，受精することで僕たち個体の核相は「$2n$」になる。そして，「生きるために最低限必要な染色体の1セット」のことを**ゲノム**というが，「**精子や卵➡生きている**」…これが少し考えにくいかも…。そんなときは，ミツバチのオスでイメージしてみるといいよ。ミツバチのオスは母親の減数分裂によって生じた卵(n)が受精しないで発生(単為発生)して生まれてくる。つまり，ミツバチのオスはゲノム1セットで生きているんだよ。このように考えると，ゲノムの定義がわかりやすくなるね。

❸ 体細胞分裂の観察法である「**押しつぶし法**」の手順をしっかりとつかんでおこう。ここで，手順(1)の「根端の**切り取り**」はいつ行ってもいいこと，および，手順(5)の「**押しつぶし**」は“細胞どうしの重なりをなくすこと”が目的であるため，最後に行うのが当然であることを押さえておいてほしい。**その上で，残り3つ「固定」→「解離」→「染色」の順番を絶対に覚えておこう**！また，「解離」の際には**塩酸**を使用することも覚えておこうね。

覚えるツボを押そう

押しつぶし法の手順(大声で歌うように♪)

固定～解離～染色ぅ～↗♪

テーマ22 体細胞分裂の過程

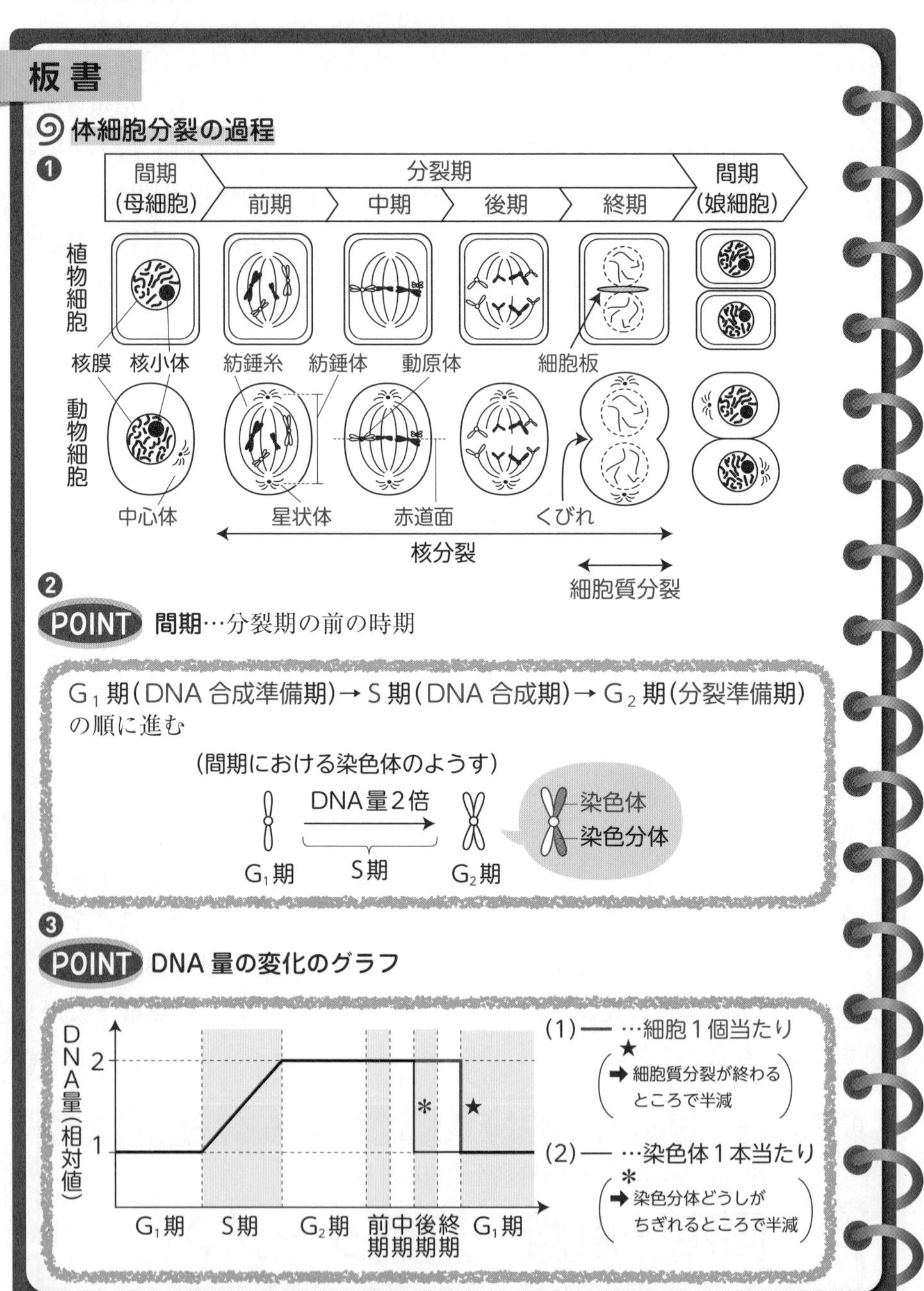
板書
体細胞分裂の過程
❶
間期
(母細胞)
分裂期
前期
中期
後期
終期
間期
(娘細胞)
植物細胞
核膜
核小体
紡錘糸
紡錘体
動原体
細胞板
動物細胞
中心体
星状体
赤道面
くびれ
核分裂
細胞質分裂
❷
POINT 間期…分裂期の前の時期
G1期(DNA合成準備期)→S期(DNA合成期)→G2期(分裂準備期)の順に進む
(間期における染色体のようす)
DNA量2倍
G1期
S期
G2期
染色体
染色分体
❸
POINT DNA量の変化のグラフ
DNA量(相対値)
2
1
G1期
S期
G2期
前期
中期
後期
終期
G1期
(1)― …細胞1個当たり
★
➡細胞質分裂が終わるところで半減
(2)― …染色体1本当たり
＊
➡染色分体どうしがちぎれるところで半減

ポイントレクチャー

❶　**「間期→前期→中期→後期→終期」の順番を覚え，各時期に何が起きているかをしっかりと押さえておこう**！間期で見えている**核膜**と**核小体**が前期には消失し，前期に**染色体**や**星状体**，**紡錘糸**や**紡錘体**が出現し，中期には**赤道面**に染色体が**並び**（染色体の**動原体**に紡錘糸がくっつく），後期で染色体が**離れ**，終期で**細胞質分裂**が起こり，核膜や核小体が再び現れる…この流れをつかんでおこうね。また，細胞質分裂（終期）において，植物細胞では**細胞板**が，動物細胞では**くびれ**が生じることも確認しておこう。さらに，植物細胞には**星状体が見られない**ことも確認しておいてね。

❷　間期はさらに「**G_1 期（DNA 合成準備期）**」「**S 期（DNA 合成期）**」「**G_2 期（分裂準備期）**」の３つの時期に大別されるよ。G_1 期や G_2 期の G は「Gap（すき間≒準備）」，S 期の S は「Synthesis（合成）」という意味だよ。ちなみに，分裂期は M 期ともいい，この M は「Mitosis（分裂）」のことだよ。**間期の S 期に DNA 量が２倍化され，その倍加された DNA 量が分裂期で半減するため，体細胞分裂の前後で細胞当たりの DNA 量は変化しないことを押さえておこう**！だから，僕たちがもつすべての体細胞の核相は $2n$ なんだね。

❸　体細胞分裂の各時期における DNA 量の変化を表したグラフをみていこう。まず，S 期に DNA 量が倍加することをグラフで確認してね。その後，**半減する時期が (1)「細胞１個当たりの DNA 量」の場合は細胞が２つに分かれる「終期の最後」で，(2)「染色体１本当たりの DNA 量」の場合は染色体が２つに分かれる「後期の最初」であることを覚えておこう**！“細胞や染色体が２つに分かれる瞬間”を知っていれば，そんなに難しくはないはずだよ。

覚えるツボを押そう

DNA 量の変化のグラフ

◆ DNA 量倍加の時期 ➡ **S 期**

◆ DNA 量半減の時期 ➡
- ・細胞１個当たり　…　**終期の最後**
- ・染色体１本当たり　…　**後期の最初**

テーマ23 細胞周期の計算問題

板書

細胞周期

…体細胞分裂が終わってから次の体細胞分裂が終わるまでの周期のこと。間期と分裂期（前期～終期）を合わせたもの。

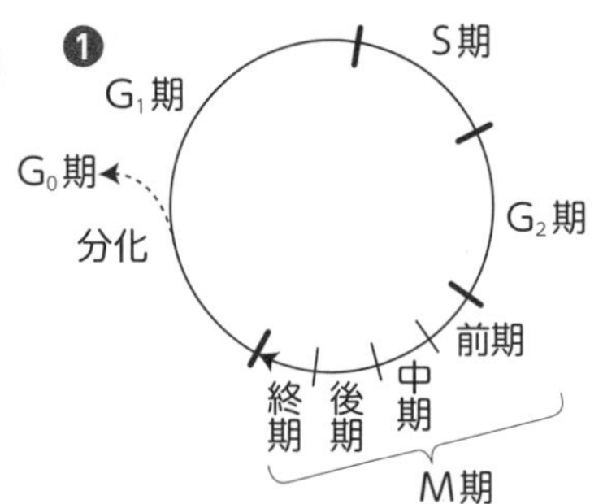

POINT

各時期の長さと各時期の細胞出現数は比例関係にある

（分化（テーマ14）し，体細胞分裂をやめた細胞は G_1 期の途中で G_0 期（分裂静止期）に入る。）

細胞周期の計算問題

植物の根端において，体細胞分裂の各時期の細胞を数えた結果を下の表にまとめた。細胞分裂が一回りするのに18時間かかり，すべての細胞が細胞周期のサイクルを回っていると仮定する。

	間期	前期	中期	後期	終期	合計
細胞数（個）	1116	62	24	21	17	1240

問1　間期に要する時間は何時間何分か。
問2　前期に要する時間は何分か。

❷ 解説

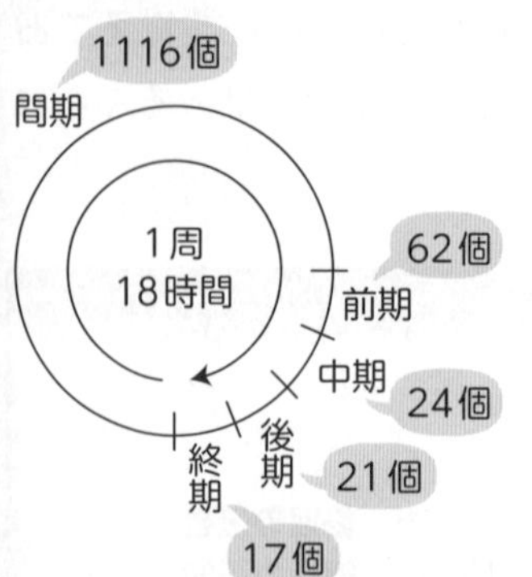

問1

（1周）　　　　（間期）
18時間：1240個　＝　x時間：1116個
x = 16.2（時間）➡ 16時間12分…（答）

問2

（1周）　　　　（前期）
18時間：1240個　＝　x時間：62個
x = 0.9（時間）➡ 54分…（答）

ポイントレクチャー

❶ **「各時期の長さと各時期の細胞出現数が比例関係にある」**ことをきちんと押さえておこうね。これを例えば，東京都内を環状に走っている山手線の電車でイメージしてみよう。右図のように，距離が短い「渋谷－新宿間」と距離が長い「新宿－東京間」で比較してみると，「渋谷－新宿間」を走っている電車の数の方が，**少ない**ことがわかるね。線路の長さと走っている電車の数の「**比例**」関係と同じように考えると，細胞周期の考え方もわかりやすくなるよ。

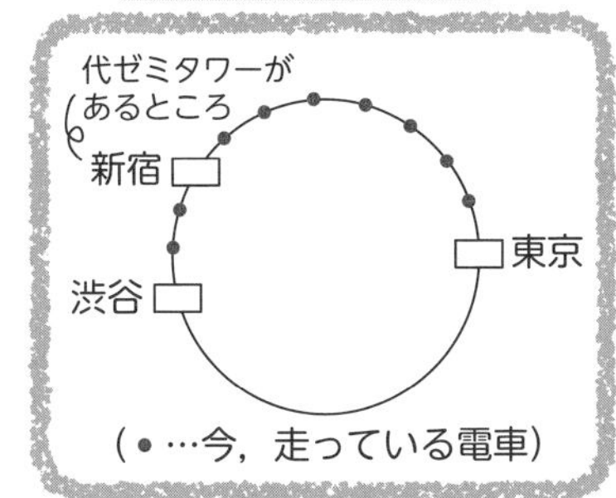

❷ **細胞周期の計算問題では，「各時期の長さと各時期の細胞出現数が比例関係にある」ことを利用して，「比」を使って立式していこう**！
問１では，細胞周期１周分の長さが **18 時間**である細胞が全部で **1240 個**あるので，間期の時間を ***x* 時間**として，間期の細胞 **1116 個**との比で立式していけばよい。問２も同様に，細胞周期１周分と前期とで考えていけばよい。本問でしっかり解法パターンをつかんでおこうね。

類題を解こう

細胞周期の計算問題

1.35×10^5 個の細胞を培養し，72 時間後に全細胞数と分裂期の細胞数を計測したところ，1.08×10^6 個と 4.5×10^4 個であった。この細胞の分裂期に要する時間は何時間か。

解説

1.35×10^5 個の細胞が 72 時間後に$(\mathbf{1.08 \times 10^6})$個÷$(\mathbf{1.35 \times 10^5})$個 ＝ **8** 倍になっていることから，この細胞は 72 時間かけて **3** 回分裂（**$8 = 2^3$ より**）したことがわかり，この細胞の細胞周期は **72 時間÷ 3 ＝ 24 時間**となる。あとは，左ページの解説同様，比で求めていけばよい。

$$\underbrace{24\text{時間}:1.08\times10^6\text{個}}_{(1\text{周})} = \underbrace{x\text{時間}:4.5\times10^4\text{個}}_{(\text{分裂期})} \qquad x = 1(\text{時間})\cdots(\text{答})$$

テーマ24 セントラルドグマの導入

板書

セントラル・ドグマ
➡中心　　➡命題(教義)

❶ セントラルドグマとは全生物が行う生命現象のこと

原始生命(≒原核生物)でも行うことができる生命現象

「DNAが設計するもの＝タンパク質」

❷

POINT セントラルドグマに至った考え方

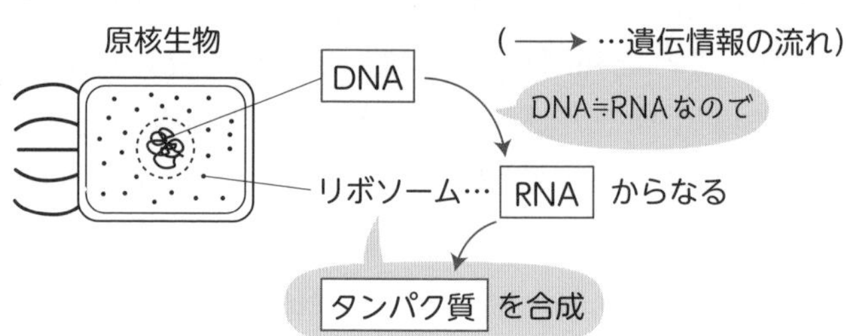

➡DNA(遺伝子)がもっている遺伝情報はいったんRNAに移される(DNAとRNAの構造が似ていることからこう考えられた)
➡RNAに移された遺伝情報を元にリボソームで**タンパク質**が合成される

よって，遺伝情報の流れは次のようになっていることが考えられる。

この考えは**セントラルドグマ**と名づけられた。

(1958年　クリックと**ガモフ**(アメリカ))

ポイントレクチャー

❶ **セントラルドグマ**とは何か？まずは，それについて押さえていこうね。セントラルドグマは，二重らせん構造の研究で有名な**クリック**が提唱した生命現象の基本原則のことであり，元々は物理学者であるクリックのいわば“思想”のようなもの。クリックは，“全生物が行うことができる生命現象とは何か？”という疑問を抱き，その糸口を「38億年前に誕生した原始生命」から見出そうとした。そして，今現在，原始生命に近い形質をもつと考えられている**原核生物**に注目したんだ。クリックは**DNA(遺伝子)**をもたない生物などいないことを想定し，**DNAは何を設計しているのか？**という観点で物事をとらえていった結果，「DNAは**タンパク質**を設計する情報を保有しており，全生物はそのDNAの情報を元にタンパク質をつくる」という考え(セントラルドグマ)に至ったんだ。

❷ ❶でクリックがそのように考えた理由について説明するね。クリックは，「**原核生物はDNAとリボソームをもつ**(テーマ1)」「**リボソームはRNAからなり，タンパク質をつくる**(テーマ4)」「**DNAとRNAの構造が似ている**(テーマ16)」などをヒントにして，セントラルドグマという考えを導き出した。したがって，DNAがもつ“タンパク質を設計する”という遺伝情報が**DNA → RNA(転写)**，**RNA →タンパク質(翻訳)**の過程を経て，**一方通行**に伝わっていくと考えた。このようにひたすら論理的に物事を考え抜いていったからこそ，この素晴らしいセントラルドグマという考えが誕生したんだね。

02 遺伝子とそのはたらき

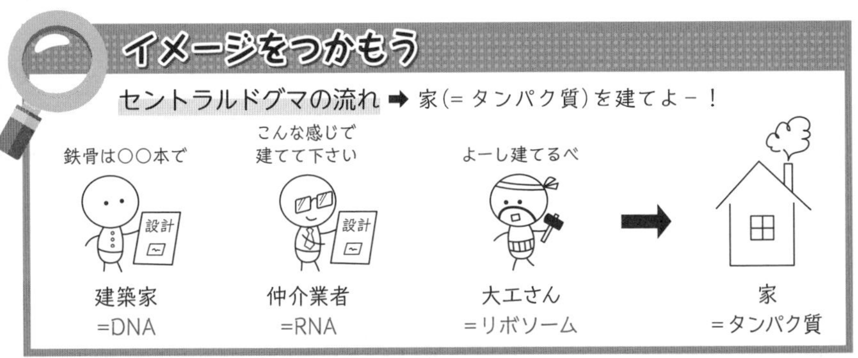

テーマ25 遺伝暗号の解読

板書

生物体を構成しているアミノ酸は全部で20種類

遺伝暗号の解読(翻訳の解明)

…RNA →タンパク質(アミノ酸の集まり)

❶

1955年　ガモフ　「トリプレット説」

遺伝暗号はDNAやRNAの塩基配列であり，“3個の塩基のまとまり(トリプレット)”が“1個のアミノ酸”を決定する。

塩基	アミノ酸	
1個	4種	(<20)
2個	4^2種	(<20)
3個	4^3種	(>20)

ガモフ

↓ これを受けて，以下の２つの実験が行われた…

❷

1961年　ニーレンバーグ（アメリカ）

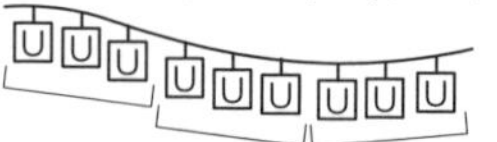

➡ フェニルアラニンのみからなるタンパク質

1963年　コラーナ（アメリカ）

➡
- ・あ グルタミンのみからなるタンパク質
- ・い アスパラギンのみからなるタンパク質
- ・う トレオニンのみからなるタンパク質

➡その後，翻訳に利用されるRNA(mRNA)専用のトリプレットはコドンと名づけられ，1960年代にコドン表(下表)が完成！

❸

第1塩基	第2塩基 U	第2塩基 C	第2塩基 A	第2塩基 G	第3塩基
U	UUU フェニルアラニン	UCU セリン	UAU チロシン	UGU システイン	U
U	UUC フェニルアラニン	UCC セリン	UAC チロシン	UGC システイン	C
U	UUA ロイシン	UCA セリン	UAA (※終止コドン)	UGA (※終止コドン)	A
U	UUG ロイシン	UCG セリン	UAG (※終止コドン)	UGG トリプトファン	G
C	CUU ロイシン	CCU プロリン	CAU ヒスチジン	CGU アルギニン	U
C	CUC ロイシン	CCC プロリン	CAC ヒスチジン	CGC アルギニン	C
C	CUA ロイシン	CCA プロリン	CAA グルタミン	CGA アルギニン	A
C	CUG ロイシン	CCG プロリン	CAG グルタミン	CGG アルギニン	G
A	AUU イソロイシン	ACU トレオニン	AAU アスパラギン	AGU セリン	U
A	AUC イソロイシン	ACC トレオニン	AAC アスパラギン	AGC セリン	C
A	AUA イソロイシン	ACA トレオニン	AAA リシン	AGA アルギニン	A
A	AUG メチオニン(★開始コドン)	ACG トレオニン	AAG リシン	AGG アルギニン	G
G	GUU バリン	GCU アラニン	GAU アスパラギン酸	GGU グリシン	U
G	GUC バリン	GCC アラニン	GAC アスパラギン酸	GGC グリシン	C
G	GUA バリン	GCA アラニン	GAA グルタミン酸	GGA グリシン	A
G	GUG バリン	GCG アラニン	GAG グルタミン酸	GGG グリシン	G

★開始コドン
…翻訳の開始を指示する(AUG)。

※終止コドン
…対応するアミノ酸がなく，翻訳の終止を指示する(UAA, UAG, UGA)

ポイントレクチャー

❶　数学や物理学が専門である**ガモフ**は，「**3 個の塩基のまとまり(トリプレット)が 1 個のアミノ酸**を決定する」という**トリプレット説**を提唱した。ガモフがこのような考えに至った経緯を説明するね。**20 種類**あるアミノ酸をすべて規定する際，塩基が **1 個**や **2 個**だと **4 種類**，4^2 = **16 種類**しか配列ができない。そこで，塩基が **3 個**あれば配列は 4^3 = **64 種類**でき，アミノ酸を重複させれば 20 種類すべてのアミノ酸を規定できると考えたんだよ。クリック(元物理学者)といい，ガモフ(数学者，物理学者)といい，畑違いの研究を行っていた研究者の発想のおかげで，分子生物学の基礎が築かれたんだ。

❷　ガモフのトリプレット説を受けて，**ニーレンバーグ**と**コラーナ**は，試験管内で **RNA** から**タンパク質**を合成する実験を行った。❸の**コドン表**と照らし合わせて，UUU がフェニルアラニンを指定していること，㋐ CAA，㋑ AAC，㋒ ACA がそれぞれグルタミン，アスパラギン，トレオニンを指定していることを確認しておこうね。

❸　ニーレンバーグやコラーナらによって，“どのトリプレット(コドン)がどのアミノ酸を指定しているか”を対応させた表である**コドン表**が完成した。**ここで，開始コドン(AUG)と終止コドン(UAA, UAG, UGA)は覚えよう**！生体内で翻訳が起こる際は，必ず**メチオニン**から始まるんだよ(❷でニーレンバーグやコラーナらが行っていた実験はあくまで“試験管内”での実験なのでメチオニンから始まらなかった)。終止コドンには対応するアミノ酸がなく，リボソームがアミノ酸を結合させていく際，この終止コドンが出現すると，文字通り，翻訳が“終止”してしまうんだ。ちなみに，コドン表そのものを覚える必要はないので，その点はご安心を…。

ゴロで覚えよう

開始コドンと終止コドン

（すべて殴られているときの声）

始まりは August。うあー，うあぐ，うがー！
AUG　UAA　UAG　UGA

終わった…

テーマ26 セントラルドグマの流れ

板書

❶
セントラルドグマの流れをつかむ

（メチオニン－ヒスチジン－トレオニンからなるタンパク質をつくる）

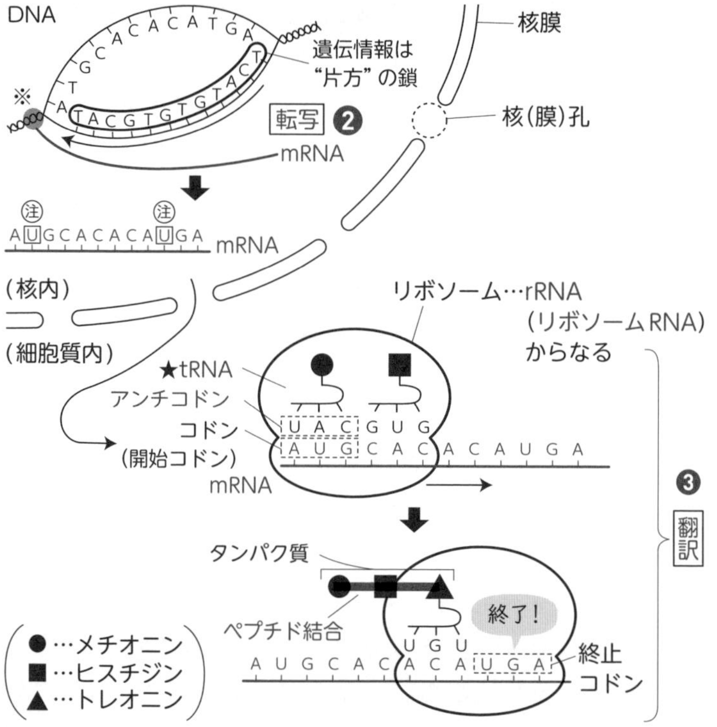

❷ ※ RNA ポリメラーゼ

mRNA を合成する酵素
➡DNA の**片方の鎖**に相当する遺伝情報と**相補鎖**
（このとき，A の相補的塩基が T ではなく U であることに注意！）

❸ ★ tRNA

様々なアンチコドンをもった tRNA が多数，細胞質に存在している
➡アミノ酸と結合した tRNA は，アンチコドンと相補的な mRNA のコドンとも結合することで，アミノ酸をリボソーム上に運搬する

ポイントレクチャー

❶ 細胞内の図でセントラルドグマの流れをつかんでいこう。**左ページの図全体を白紙の状態から自分で書いていくことを強くオススメするよ**！

❷ まず，二本鎖 DNA の片方の鎖に相当する遺伝情報(**アミノ酸配列の情報**)は，**RNA ポリメラーゼ**という酵素によって読み取られ，**mRNA(メッセンジャー RNA，伝令 RNA)**へと写し取られるよ。この過程が**転写**だよ。**このとき，mRNA の塩基配列は DNA の片方の鎖の塩基配列と“相補的”であることに注意したい**！また mRNA において，A の相補的塩基は T ではなく **U** であることにも注意しよう。

❸ 合成された mRNA は細胞質内へと移動し，**rRNA(リボソーム RNA)**からなる**リボソーム**と結合するよ。その後，リボソームと結合した mRNA のコドンと相補的な**アンチコドン**をもった **tRNA(トランスファー RNA，運搬 RNA)**が，コドンに対応した**アミノ酸**を運んでくるんだ。例えば，UAC というアンチコドンをもった tRNA は mRNA の AUG コドンに結合することで，AUG コドンに対応したアミノ酸であるメチオニンを運搬してくる。あとは図のように，リボソームが終止コドンを読み取るまで tRNA によるアミノ酸の運搬が続いていくのね。**図の●がメチオニン，■がヒスチジン，▲がトレオニンであることを，テーマ 25 のコドン表で確認しておこう**！そして，運ばれたアミノ酸は**ペプチド結合**で順次つながっていき，**タンパク質**が合成される。この過程が**翻訳**だよ。また，終止コドンに対応する tRNA が存在しないことから，アンチコドンの種類数はコドンの全種類(**64 種類**)から **3 種類**の終止コドンの分を引いた**(64−3 =)61** 種類であることにも注目しようね。

覚えるツボを押そう

トリプレットとコドン・アンチコドンの違い

◆**トリプレット**…3 つの塩基のまとまり
◆**コドン**　…mRNA 専用のトリプレット
◆**アンチコドン**…tRNA 専用のトリプレット
➡**コドンもアンチコドンもトリプレットの一種である**

トリプレット
コドン（mRNA 専用）　アンチコドン（tRNA 専用）

テーマ27 セントラルドグマの計算問題

板書

DNA と RNA の塩基組成の計算問題

ある DNA 分子の中に A が 29 % 含まれていた。また，この DNA 分子の片方の鎖に対応する mRNA 分子の中に C が 24% 含まれていた。mRNA 分子の中に G は何%含まれているか。

❶ **解説** 以下の表を書く！

DNA	H鎖	A	T	G	C
DNA	H´鎖	T	A	C	G
mRNA		A	U	G	C
%				x	24
%		29×2=58 → 42			
%		100			

転写

A = T = 29%より A + T = 58% となり，G + C = 100% − 58% = 42%となる。
左の表にて，mRNA の G = x % とおくと，mRNA の C = 24%より
24% + x % = 42%となる。
x = 18(%)…(答)

遺伝情報の発現の計算問題

細菌 X の DNA 塩基対の数は 4.2×10^6 である。細菌 X の 1 遺伝子は平均 1200 塩基対からなり，全 DNA 領域が転写・翻訳される。
問 1　細菌 X がつくるタンパク質は何個のアミノ酸からなるか。
問 2　細菌 X は何種類のタンパク質をつくることができるか。

❷ **解説** 以下の図を書く！

細菌Xの全DNA　　(⬭…1つの遺伝子)

4.2×10^6 の塩基対

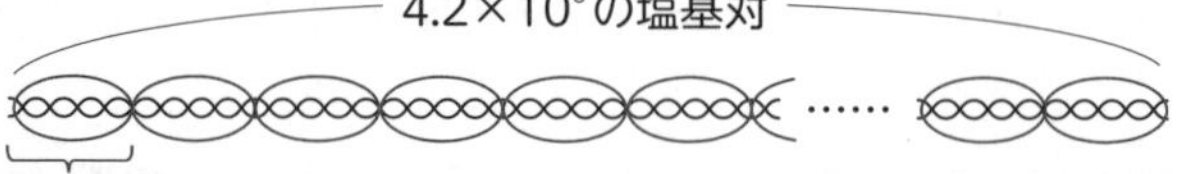

1200塩基対

転写・翻訳

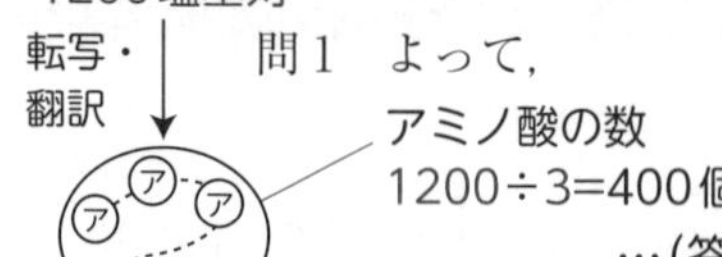

タンパク質
(ア…アミノ酸)

問 1　よって，
アミノ酸の数
1200÷3=400個
…(答)

問 2　1つの⬭から1種類のタンパク質がつくられることから，⬭の数を求めればよい。よって，
$4.2 \times 10^6 \div 1200$
$= 3.5 \times 10^3$ 種類 …(答)

ポイントレクチャー

❶ この問題は，テーマ17で勉強した「DNAの塩基組成を求める計算問題」から派生したものだよ。本問においても，テーマ17のときと同様に，**とにかく左ページの表を書くことをオススメする**！あとは解説にあるように，テーマ16で勉強したシャルガフの「塩基対合則（**A：T＝1：1，G：C＝1：1**）」を使い，表の空白に問題文に沿った数値を代入していけば解けるよ。

❷ **遺伝情報の発現の計算問題では，左ページのような図を書き，問題文に書かれている数値を1つ1つ丁寧に当てはめていくことをオススメしたい**！図を書きながら意識すべきことは，**全DNAの塩基対数と1遺伝子の塩基対数を明示していくこと**だよ。遺伝子1つ1つを⬭で示し，そこから合成される**タンパク質**とそのタンパク質を構成している**アミノ酸**を丁寧に書いていこう。問1では，**1200塩基対**からなるDNA領域から転写されてできた**1200個**のヌクレオチドをもつmRNAから翻訳されてできたアミノ酸数を，**トリプレット説**を利用して算出していこう（**1200 ÷ 3 ＝ 400個**）。問2では，図からわかるように，⬭の数が問われていることから，全DNAの塩基対数を1遺伝子の塩基対数で割ることで答えが出るよ。本問でしっかり解法パターンをつかんでおこうね。

類題を解こう

遺伝情報の発現の計算問題

ヒトのDNAは 3.0×10^9 塩基対からなり，そのうちタンパク質に翻訳される塩基対の割合は1.1％である。ヒトのすべてのタンパク質が500個のアミノ酸から構成されているとすると，ヒトは何個の遺伝子をもっていると考えられるか。

解説 ヒトのDNAのうち，翻訳される領域は **3.0×10^9（塩基対）× 0.011 ＝ 3.3×10^7 塩基対**であり，1遺伝子は **500（個）× 3 ＝ 1500塩基対**からなることから，**3.3×10^7 塩基対 ÷ 1500塩基対／個 ＝ 2.2×10^4 個** …（答）

（**これを機に覚えよう！** ヒトの遺伝子の数…**22000個**）

テーマ28 クローン作製実験，だ腺染色体

板書

核移植実験

❶

・1962年　ガードン(イギリス)

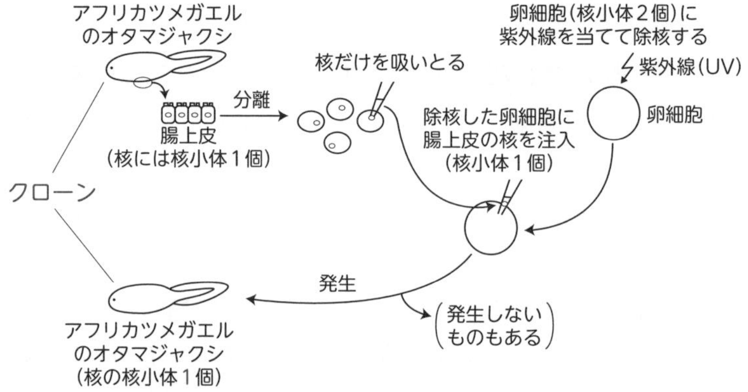

アフリカツメガエルのオタマジャクシ

腸上皮(核には核小体1個)

分離

核だけを吸いとる

卵細胞(核小体2個)に紫外線を当てて除核する

紫外線(UV)

卵細胞

除核した卵細胞に腸上皮の核を注入(核小体1個)

クローン

発生

(発生しないものもある)

アフリカツメガエルのオタマジャクシ(核の核小体1個)

結論「腸細胞のような分化(テーマ14)した細胞でも受精卵と同様，すべての遺伝子をもつ」ことが示され，「**核は**全能性(1個体を形成することのできる能力)をもつ」ことが示された

・1996年　**ウィルマット**(イギリス)と**キャンベル**(イギリス)

乳腺細胞の核移植により**クローン羊(ドリー)**が誕生

❷

巨大染色体の観察

…通常の染色体の100～150倍の大きさ。

例　ショウジョウバエの**だ腺染色体**

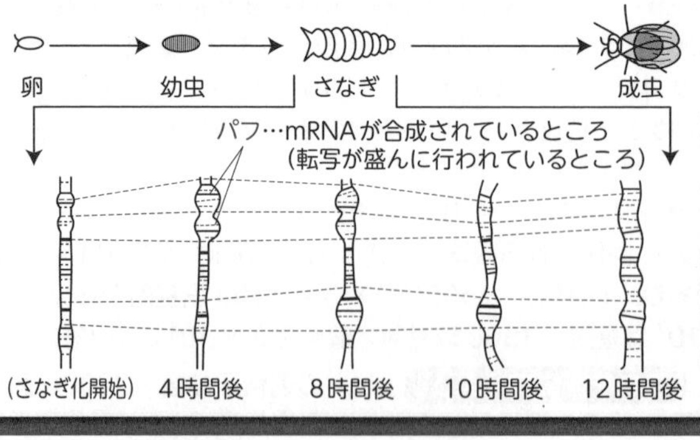

卵 → 幼虫 → さなぎ → 成虫

パフ…mRNAが合成されているところ(転写が盛んに行われているところ)

(さなぎ化開始)　4時間後　8時間後　10時間後　12時間後

結論「発生段階によって発現する(転写されている)遺伝子の組合せが異なる」ことがわかる

ポイントレクチャー

❶ **ガードン**はあの iPS 細胞の作製で有名な山中伸弥とともにノーベル賞を共同授賞した研究者だよ。ガードンは，核小体を **2 個**もつ未受精卵の核をあらかじめ**紫外線**で除核し，その未受精卵の中に核小体を **1 個**もつ腸細胞の核を移植した結果，全身が核小体を **1 個**もつ細胞からなる個体が発生したことから，腸細胞の核由来の個体，つまり核移植によるクローン動物を世界で初めて作製したんだ。このことから，「**腸細胞のような分化した細胞でも受精卵と同様，すべての遺伝子をもつ**」ことが示された。これにより，髪の毛だろうが皮膚だろうが，僕たちがもっているほとんどの体細胞は，1 個体を形成できるすべての遺伝子をもつことがわかったんだ。だから TV ドラマなどで見る科学捜査で，髪の毛 1 本からの DNA 鑑定により犯人が特定されることがあるんだね。

❷ ほとんどの体細胞がすべての遺伝子をもっているにも関わらず，細胞や組織ごとに形やはたらきが異なるのは，細胞や発生段階ごとに発現する遺伝子の組合せが異なるためである(これは**選択的遺伝子発現**とよばれるよ)。このようすを，通常の染色体の **100〜150** 倍の大きさをもつショウジョウバエのだ腺染色体などの巨大染色体の観察で確認することができるよ。**転写**が盛んに行われている**パフ**という部分が**発生段階ごとにその位置を変えている**ことから，選択的遺伝子発現のようすがわかる。大きい染色体は転写も派手に行うものなんだね。

あともう一歩踏み込んでみよう

ホ乳類最初のクローン動物「ドリー」

（ドリー達）

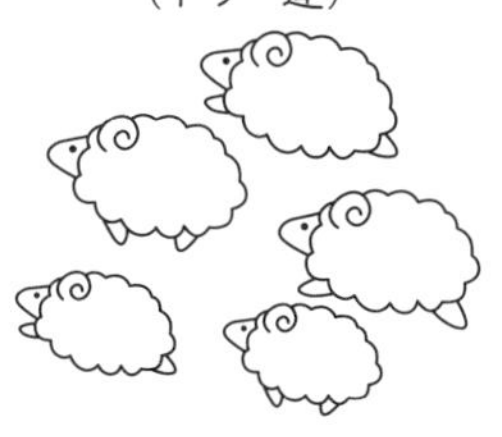

ウィルマットとキャンベルの核移植実験によって誕生したクローン羊のドリーは 2003 年，6 歳の時に死亡した。クローン動物だから早めに死亡したのかは不明である。ドリーは生前，4 匹の子羊を出産していて，クローン動物でも生殖能力は十分に備わっていることが確かめられている。また現在では，羊以外のホ乳類(ネコやイヌなど)のクローン動物も誕生している。

テーマ29 体液

板書

体内環境＝体液(ヒトの場合)

POINT 恒常性(ホメオスタシス)

❶ 体液　大切なところ　守る!

体液を一定に保つ性質
➡ 1932年に**キャノン**(アメリカ)が提唱
(この考えは，元々1855年に**ベルナール**(フランス)によって提唱されている)

体液について

❷
(1) 血液　…**血管**内や**心臓**内を流れる体液
(2) リンパ液…**リンパ管**(**胸管**)内を流れる体液
(3) 組織液　…組織の細胞間を流れる体液

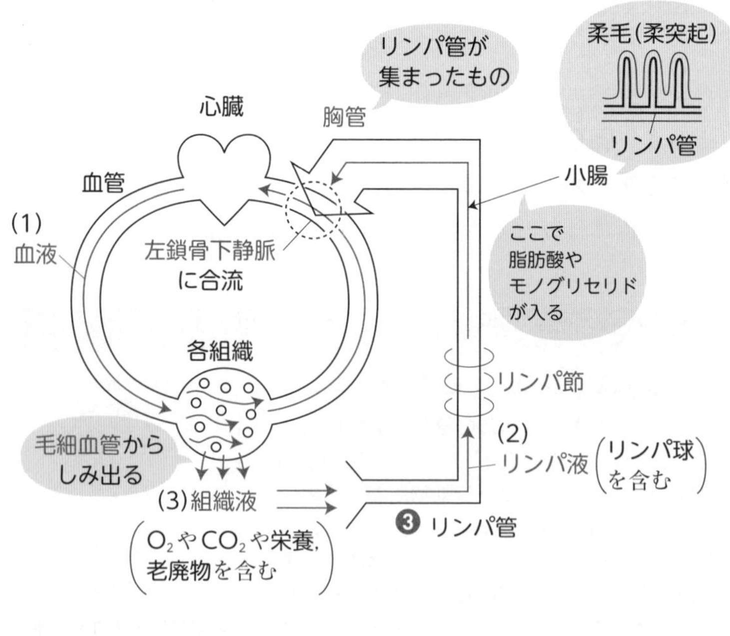

ポイントレクチャー

❶ **体液は僕たちのからだのどこの部分に存在するか**？それは，この図の**赤い部分**のところだよ。汗や涙，だ液や胃液は“体液ではない”ことを押さえておこうね。そして，この体液を一定に保つ性質を**恒常性**(**ホメオスタシス**)というよ。このホメオスタシスがあるから，僕たちのからだの「大切なところ」が守られているんだね。ちなみに，ホメオスタシスという用語はギリシャ語の“ホモイオス(同一の状態)”と“スタシス(継続)”を合わせてつくられた造語だよ。

❷ 体液は**(1)「血液」(2)「リンパ液」(3)「組織液」**の３つに分けられるよ。**各体液が“どこ”を流れているかに注目しておこう**！そして，血液とリンパ液は「血管」や「心臓」,「リンパ管」といった器官によって運ばれることも押さえておこうね。心臓から押し出された血液は各組織の**毛細血管**からしみ出て組織液となる。組織液の大部分は再び血管内へと戻るが，残りはリンパ管内に入り，リンパ液となる。リンパ液はリンパ管の集まりである**胸管**(⬅文字通り，僕たちのからだの胸辺りにあるよ)を通って，リンパ管と血管の合流地点である**左鎖骨下静脈**で血液となり，心臓へと戻る。**この体液の循環のようすをしっかりとつかんでおこう**！

❸ リンパ管の途中には**リンパ節**という白血球(リンパ球➡テーマ52)が特に多く分布する器官があるよ。また，小腸の柔毛(柔突起)の中にあるリンパ管内に，消化・分解された脂肪酸やモノグリセリド(グリセリン)が吸収されるよ。

あともう一歩踏み込んでみよう

鈴川(体重 72kg)の体液の量

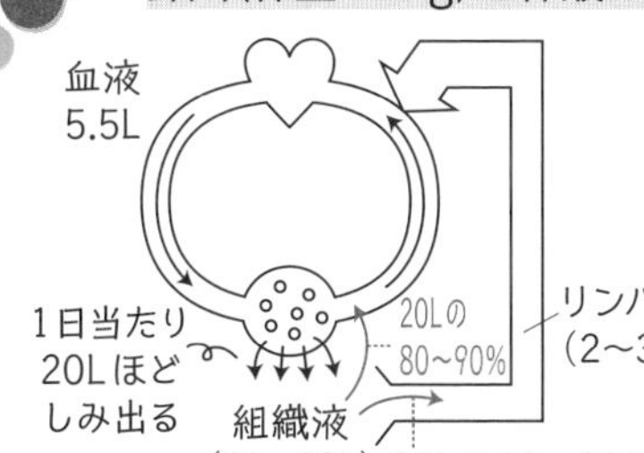

血液　　：体重の$\frac{1}{13}$➡テーマ30
…72kg ÷ 13 = 5.5kg ≒ 5.5L
リンパ液：血液の約半分…2 ～ 3L
組織液　：血液の約２倍…11 ～ 12L

➡各組織の毛細血管からしみ出る体液は１日当たり 20L

➡このうち **80 ～ 90%**が再び血管内，**10 ～ 20%**がリンパ管内へ移動

テーマ30 血液

板書

血液について

➡ヒトの場合：体重の $\frac{1}{13}$

二酸化炭素やグルコースの運搬も行う

❶
- 有形成分＝血球※（45％）➡
  - 赤血球…ヘモグロビンによる酸素の運搬
  - 白血球…免疫（食作用による異物の捕食など）
  - 血小板…血液凝固
- 液体成分＝血しょう（55％）➡
  - 水（90％）
  - 血しょうタンパク質（7％） ❷（アルブミン・プロトロンビン・フィブリノーゲン・ヘパリン・グロブリン）
  - 無機塩類（0.9％）
  - グルコース（0.1％） ❸

❹
※血球について

	赤血球	白血球	血小板
核	無 （ホ乳類以外は有核）	有	無
大きさ	7～8μm	6～20μm	2～4μm
数 （$1mm^3$当たり）	450万～500万個 （♀）　（♂）	6千～8千個	20万～40万個
寿命	100～120日	3～20日	7～10日
生産場所	骨髄 （リンパ球はひ臓とリンパ節で生成されることもある）		
破壊場所	ひ臓・肝臓	ひ臓	

ポイントレクチャー

❶ 血液は有形成分である「**血球**」と液体成分である「**血しょう**」に分けられるよ。各血球(「**赤血球**」「**白血球**」「**血小板**」)のはたらきと，血しょうに含まれる成分(水，血しょうタンパク質，無機塩類，グルコース)も押さえておこうね。あと，血液のうち**45**%が血球，**55**%が血しょうであることも覚えておこう。

❷ 血しょうタンパク質の中で最も多いのは「**アルブミン**」。アルブミンは，血液の濃度の調節や物質の運搬に関わるタンパク質だよ。その他にも，血液凝固(テーマ31)に関わる「**プロトロンビン**」「**フィブリノーゲン**」「**ヘパリン**」や抗体(テーマ54)を構成する「**グロブリン**」についても押さえておこう。

❸ 血液中のグルコース濃度のことを**血糖量**というよ。血糖量に関してはテーマ47&48で詳しく説明するけど，本テーマでも血糖量の正常値が**0.1**%であることを押さえておくといいよ。

❹ 各血球における「核の有無」「大きさ」「数」「寿命」「生産場所」「破壊場所」について，表でまとめておいたよ。**この中でも特に，赤血球については，細かい数値とともに必ず覚えておこう**！赤血球は，酸素などの運搬物をできるだけ多く運ぶよう特化するために分化の過程で**無核**の状態となり，0.1 mmほどの細い毛細血管を通過するために**7～8 μm**の大きさ(テーマ10)で，かつ，折りたためる円盤状の構造をとっている。赤血球の1 mm^{3}当たりの数は**450万～500万個**と非常に多く，からだ全体では何と20兆個にもなる。僕たちのからだの全細胞の数のおよそ6割が赤血球であると考えられているよ。また，各血球の生産場所が「**骨髄**(テーマ51)」であること，破壊場所が赤血球に関しては「**ひ臓**」と「**肝臓**(テーマ34)」，白血球と血小板に関しては「**ひ臓**」であることも押さえておこうね。

ゴロで覚えよう

血液における血しょうの割合

決勝に Go! Go! (血球の割合は100%－55%＝45%)

(血しょう)　55%

テーマ31 血液凝固

板書

血液凝固のしくみ

1904年　モラウィッツ（ドイツ）の仮説

❶

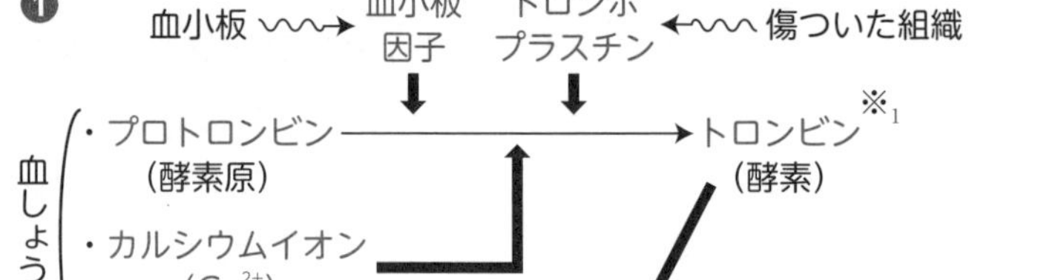

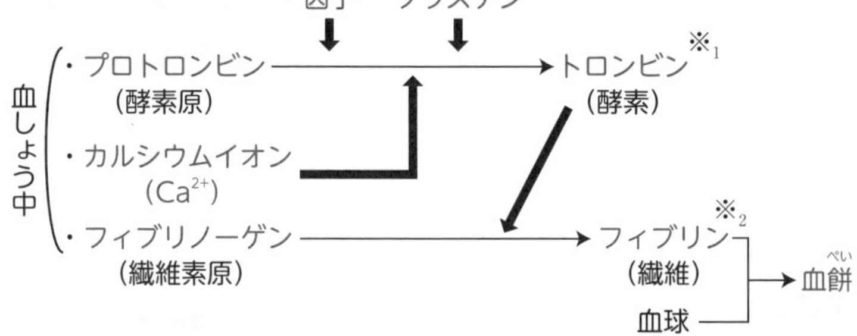

※1…トロンビンはフィブリノーゲンを分解してフィブリンに変える
　　タンパク質分解酵素である
※2…フィブリンはフィルヒョー（テーマ5）によって発見された

❷

《試験管内での血液凝固》

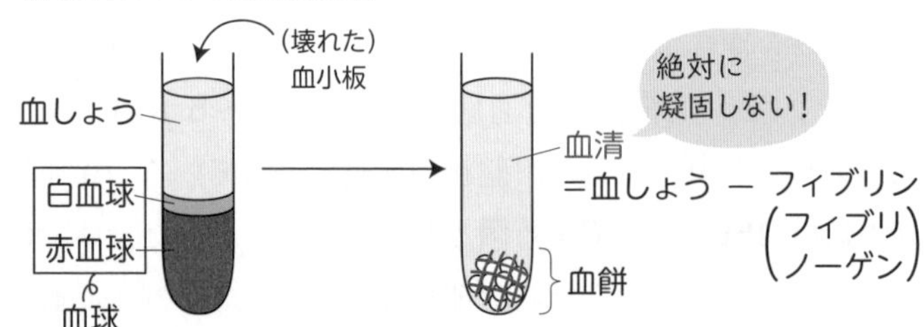

❸

血液凝固の防止法

（方法）		（理由）
・クエン酸ナトリウムを加える	➡	血しょう中のCa^{2+}の除去
・ヘパリンを加える	➡	トロンビンの生成阻害
・低温で処理する	➡	酵素（トロンビン）反応の抑制
・ガラス棒でかきまぜる	➡	フィブリンの除去

ポイントレクチャー

❶ 血液凝固のしくみについて説明するね。まず，血しょう中の酵素原である「**プロトロンビン**」が，同じく血しょう中の Ca^{2+}（**カルシウムイオン**）や血小板から放出される「**血小板因子**」，傷ついた組織から放出される「**トロンボプラスチン**」によって酵素である「**トロンビン**」となる。トロンビンは，血しょう中の繊維素原である「**フィブリノーゲン**」を分解して繊維である「**フィブリン**」に変える。フィブリンは周りの赤血球や白血球などの血球と絡みつくことによって，“かさぶた”の元となる「**血餅**」を形成する。**この，血液が固まるまでの流れをしっかりと押さえておこう**！

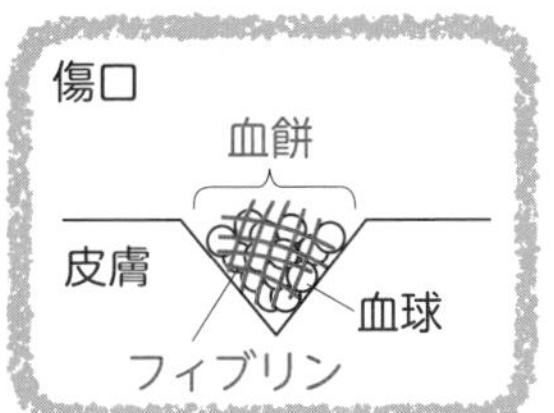

❷ 試験管内での血液凝固のようすもつかんでおこう。血液が入った試験管に追加で血小板を入れると血液凝固が起こりやすくなる。その結果“血液から血餅をなくしたもの”または“血しょうからフィブリン（フィブリノーゲン）をなくしたもの”である「**血清**」が生じることを押さえておこうね。血清は**絶対に凝固せず，抗体を含む液体**であるため，治療薬として用いられる場合があるよ（テーマ56）。

❸ **血液凝固の防止法についてもしっかりと押さえておこう**！4つの方法のいずれにおいても，❶の血液凝固の流れを止める効果があることを確認しておこうね。また，**シュウ酸カリウム**（血しょう中の Ca^{2+} を除去する物質）や**ヒルジン**（環形動物であるヒルのだ液に含まれ，トロンビンの作用を抑えるタンパク質）を加えることで，血液凝固が行われなくなることも知っておこう。

あともう一歩踏み込んでみよう

血小板のその他のはたらき

左ページの《試験管内での血液凝固》において，血液の「壊れた血小板」を追加で入れるだけで血液凝固が起こるのは，血小板が血小板因子以外に O_2 の存在下で**トロンボプラスチンを生成する酵素**をもっているため。また，トロンボプラスチンが正常に生成されなくなることで血液が凝固しにくくなる病気を「**血友病**」という。

テーマ32 血管と心臓

板書

血液の種類と血管

❶《血液》
- 動脈血…酸素を多く含む鮮紅色の血液
- 静脈血…二酸化炭素を多く含む暗赤色の血液

《血管》
- 動脈　…心臓から出る血液を含む血管
- 静脈　…心臓へ戻る血液を含む血管

❷

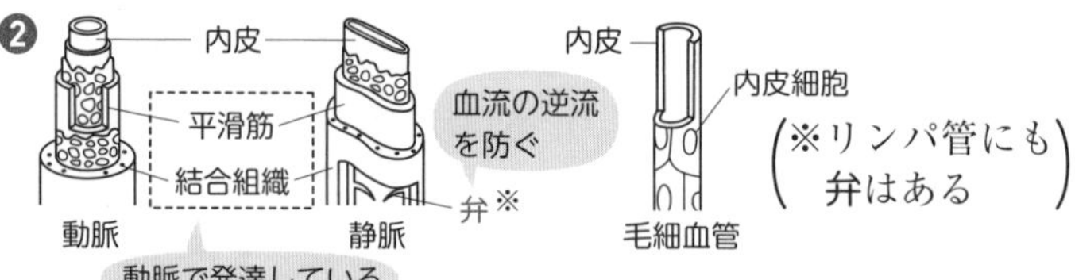

心臓について

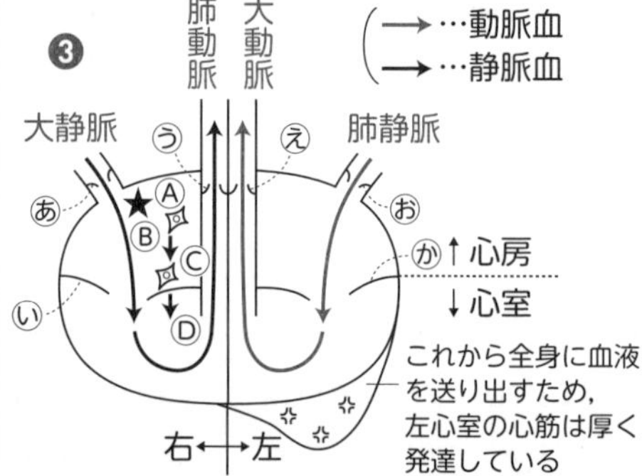

（あ…大静脈弁　い…三尖弁　う…肺動脈弁
え…大動脈弁　お…肺静脈弁　か…二尖弁（僧帽弁)）

❹ **POINT** 心臓拍動の自動性

心臓は他の臓器から切り離された状態でも自動的に拍動する
Ⓐ洞房結節（ペースメーカー）が興奮
Ⓑ心房が収縮
Ⓒ房室結節が興奮
Ⓓ心室が収縮
（ⒶからⒹまでの流れの経路を刺激伝導系という）

《脊椎動物の心臓》

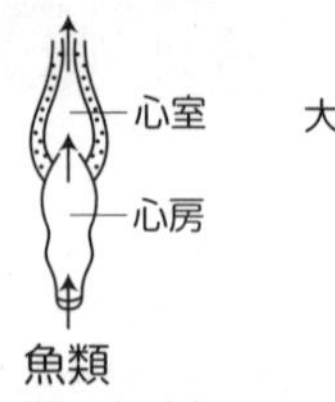

魚類
（1心房1心室）

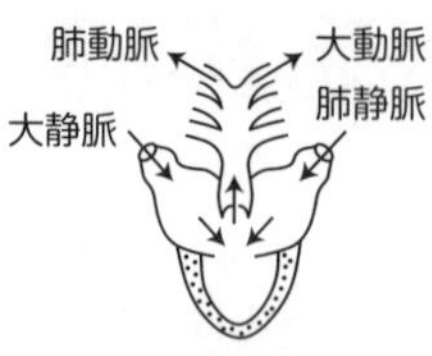

両生類
（2心房1心室）

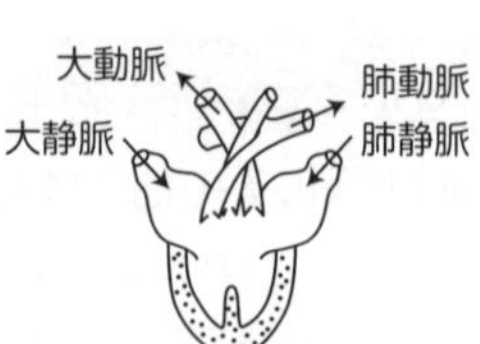

ハ虫類
（2心房1心室）

㊟鳥類の心臓はホ乳類と同じ2心房2心室

ポイントレクチャー

❶ 「**動脈血**」か「**静脈血**」かは“どの成分が多く含まれているか”，「**動脈**」か「**静脈**」かは“血液が心臓から出るのか心臓へ入るのか”によって決まる。**これらの名称は似ているけど，意味が異なってることに注意しよう**！

❷ 動脈や静脈は3層構造であり，毛細血管は1層構造であることをつかんでおこうね。その中でも動脈では，心臓から送り出された血圧の高い血液を運搬するため，外側と中間の層である結合組織と平滑筋が発達している。焼肉屋さんで動脈(コリコリ，タケノコ，ハツモトなど)を食べることができるのは，動脈に含まれる筋肉が発達しているからだよ。また，心臓へ戻り，血圧が0(ゼロ)である血液を含む静脈では，逆流を防ぐ**弁**をもつことも押さえておこうね。

❸ **心臓における血液の流れを押さえるために，まずは左心室に注目しよう**！左心室の心筋は厚く発達していて，左心室から**全身へ動脈血**が送り出される。**大動脈**を通って全身の各組織に酸素を運搬した血液は**静脈血**となり，**大静脈**を通って**右心房**に戻ってくる。右心房に入ってきた静脈血は**右心室**へ行き，**肺動脈**を通って**肺**へと送り出される。肺で再び動脈血となった血液は**肺静脈**を通って**左心房**へと戻ってくる。ちなみに，血液の「右心房→肺動脈→肺→肺静脈→左心房」の移動にかかる時間は3～4秒なんだよ。びっくりだよね。

❹ 心臓は他の臓器から切り離されても勝手に独自で拍動する(心臓拍動の**自動性**)。これは，右心房の上側にある特殊な筋肉細胞の集まりである「**洞房結節**」があるから。洞房結節は，その役割から**ペースメーカー**ともよばれるよ。ここでは，右心房の下側にある**房室結節**といった用語も含め，Ⓐ～Ⓓまでの**刺激伝導系**の流れをつかんでおこうね。

覚えるツボを押そう

心臓と血管

◆動脈血が流れる血管…肺を通過した直後の血液を含む血管
➡**大動脈，肺静脈**

◆静脈血が流れる血管…全身から心臓に戻ってきた血液を含む血管
➡**大静脈，肺動脈**

テーマ33 血液循環の流れ

板書

血液の循環

➡ 1628年にハーベイ(イギリス)が証明

❶《血管系》…血液を流通させる器官(**心臓**と**血管**)の集まり

閉鎖血管系

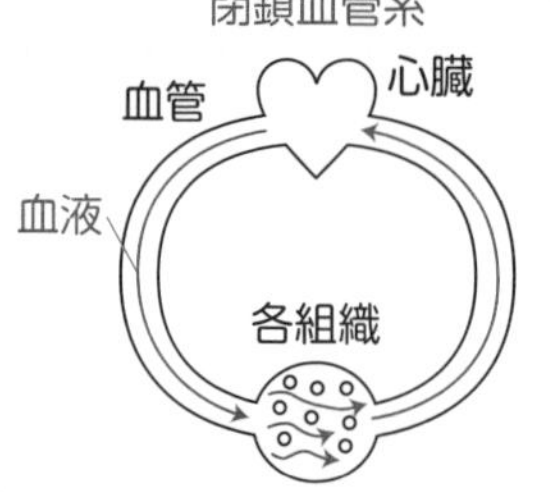

毛細血管をもつ

開放血管系

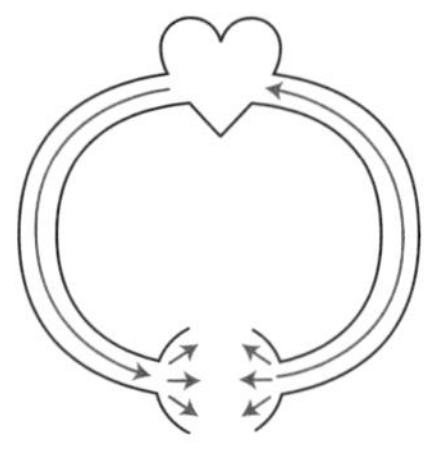

毛細血管をもたない

❷ (生物例)

閉鎖血管系
(脊椎動物，ミミズ，ゴカイ，ヒル，タコ，イカ，ナメクジウオ)

開放血管系
(節足動物，アサリ，ハマグリ，ホヤ)

❸《ヒトの血管系》

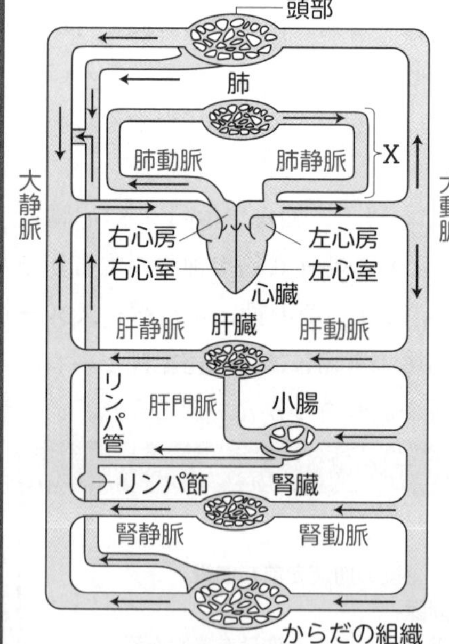

(循環の名称)
(・Xの循環　　　…肺循環
・X以外の循環…体循環)

❹ **POINT** 血管の特徴

- 食後にグルコース濃度が高い血液が流れる血管 ➡**肝門脈**
- 酸素濃度が最も高い血液が流れる血管 ➡**肺静脈**
- 最も血圧が高い血液が流れる血管 ➡**大動脈**
- 老廃物が最も少ない血液が流れる血管 ➡**腎静脈**
- 尿素濃度が最も高い血液が流れる血管 ➡**肝静脈**

ポイントレクチャー

❶ 血管系は「**閉鎖血管系**」と「**開放血管系**」に分けられるよ。両者の違いは**毛細血管の有無**だ。テーマ29でも勉強したように，閉鎖血管系では，“血液が毛細血管からしみ出る”ことで組織液が形成される。しかし，開放血管系では“血液が動脈の末端から放出される”ことにより組織液が形成されるのね。開放血管系において，組織液は組織の細胞間を移動したあと，静脈の末端から入り血液となるよ。

❷ 各血管系において，生物例も押さえておこうね。

❸ **テーマ32で勉強した「動脈」と「静脈」の定義に基づいて，赤字で示した血管の名称をつかんでいこう**！例えば，心臓から出て肝臓に入る血液を含む血管は“心臓**から出る**血液を含む血管”であるため「**肝動脈**」，肝臓から出る血液を含む血管は“心臓**へ戻る**血液を含む血管であるため「**肝静脈**」というように。また，小腸と肝臓をつなぐ「**肝門脈**」についても押さえておこうね。これについてはテーマ34で詳しく説明するね。

❹ **各血管の特徴は，“どこの臓器（場所）を通過した直後であるか”に注目して考えていくといいよ**。「グルコース濃度が高い＝グルコースの吸収を行う**小腸**の直後➡**肝門脈**」という風にね。他の血管について説明していくと，「酸素濃度が高い＝酸素の吸収を行う**肺**の直後➡**肺静脈**」，「血圧が高い＝心筋が発達している**左心室**の直後➡**大動脈**」，「老廃物が少ない＝老廃物の除去を行う**腎臓**の直後➡**腎静脈**」，「尿素濃度が高い＝尿素の合成を行う**肝臓**の直後➡**肝静脈**」といった感じだ。

あともう一歩踏み込んでみよう

循環の時間

- 血液が“ヒトのからだ全体”を１周する時間　…およそ１分
  （➡ヒトの血管の総延長は約 10 万 km：地球およそ２周半）
- リンパ液が“ヒトのからだ全体”を１周する時間…およそ 12 時間

心臓と直接つながっていないリンパ管を流れるリンパ液のスピードは遅い。そのため，老廃物が溜まりやすくなり“むくみ”の原因となる。リンパ液を右図のように積極的に流すことで，“むくみ”が解消されやすくなるよ。

テーマ34 肝臓のはたらき

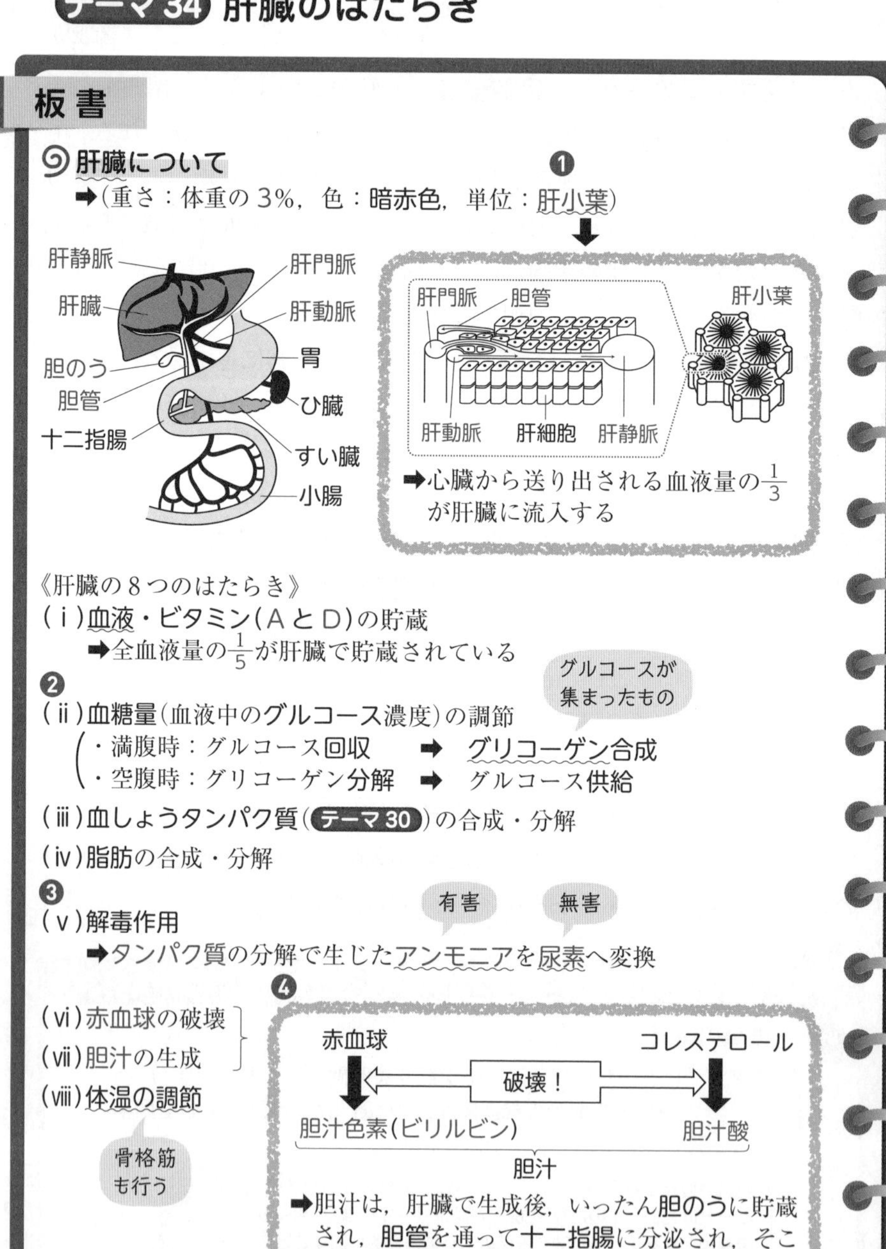

板書

肝臓について

❶

➡(重さ：体重の 3%，色：暗赤色，単位：肝小葉)

肝静脈
肝門脈
肝臓
肝動脈
胃
胆のう
胆管
ひ臓
十二指腸
すい臓
小腸

肝門脈　胆管　肝小葉
肝動脈　肝細胞　肝静脈

➡心臓から送り出される血液量の$\frac{1}{3}$が肝臓に流入する

《肝臓の８つのはたらき》

(ⅰ)血液・ビタミン(AとD)の貯蔵
　➡全血液量の$\frac{1}{5}$が肝臓で貯蔵されている

❷

(ⅱ)血糖量(血液中のグルコース濃度)の調節

グルコースが集まったもの

- ・満腹時：グルコース回収　➡　グリコーゲン合成
- ・空腹時：グリコーゲン分解　➡　グルコース供給

(ⅲ)血しょうタンパク質(テーマ30)の合成・分解

(ⅳ)脂肪の合成・分解

❸

(ⅴ)解毒作用

有害　無害

　➡タンパク質の分解で生じたアンモニアを尿素へ変換

❹

(ⅵ)赤血球の破壊
(ⅶ)胆汁の生成
(ⅷ)体温の調節

骨格筋も行う

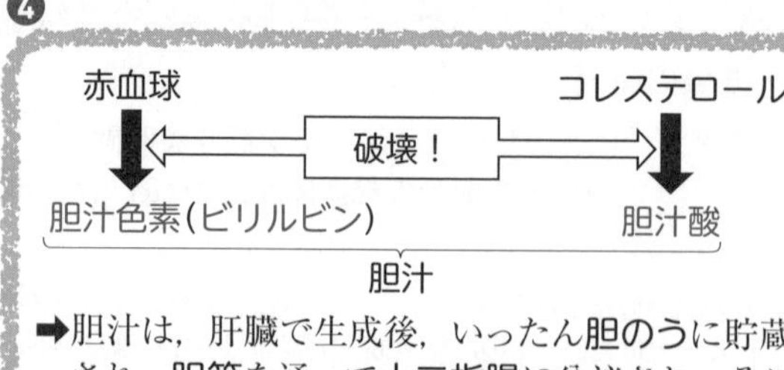

➡胆汁は，肝臓で生成後，いったん胆のうに貯蔵され，胆管を通って十二指腸に分泌され，そこで脂肪を乳化し(砕き)，脂肪の分解を助ける

ポイントレクチャー

❶　肝臓を構成する基本単位を**肝小葉**というよ。1つの肝小葉は1mmほどの大きさで約50万個の肝細胞からなり，肝臓全体で約50万個の肝小葉が存在するのね。肝小葉に含まれる3つの血管(**肝門脈**，**肝動脈**，**肝静脈**)と**胆管**の位置関係を押さえておこう。肝静脈は肝門脈と肝動脈が運んできた血液を一手に担って運ぶため，**他の血管に比べ太い**こと，肝門脈はグルコースを多く含む分，**肝動脈に比べ少し太い**ことに注目しよう。

❷　血糖量は「血液中のグルコース濃度」のことであり，満腹時は血液中のグルコースが“多い”とき，空腹時は血液中のグルコースが“少ない”ときを表す。したがって，満腹時ではグルコースが血液中から**なくなる方向**にはたらき，空腹時ではグルコースが血液中に**追加される方向**にはたらく，ということだよ。

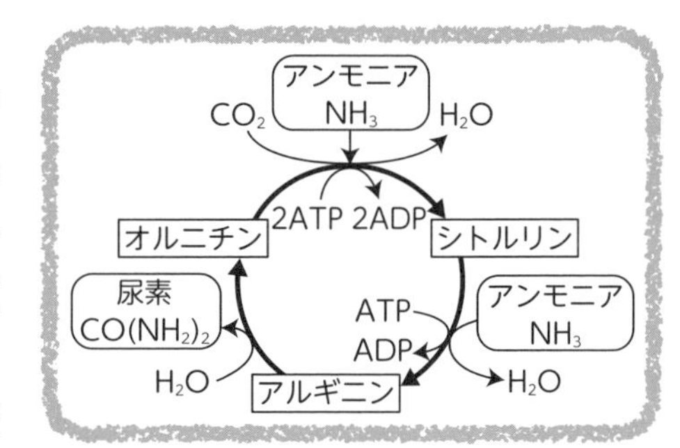

❸　肝臓はアルコールや薬物など，多くの有害な物質を無害な物質に変えてくれる臓器である。中でも，**タンパク質**の分解によって生じた有害な**アンモニア**を無害な**尿素**に変える反応(**尿素回路**)を特に押さえておこう(右上図)。

❹　テーマ30でも勉強したように，赤血球は肝臓で破壊される。肝臓で破壊された赤血球の成分は**胆汁色素(ビリルビン)**となり，コレステロールの分解産物である**胆汁酸**と合わさることで**胆汁**となり，十二指腸での脂肪分解を助ける役割を担っているよ。ちなみに，フンや尿の色は，ほとんど胆汁色素によるものだよ。赤血球の数(全細胞の数のおよそ6割➡テーマ30)を考えると納得だよね。

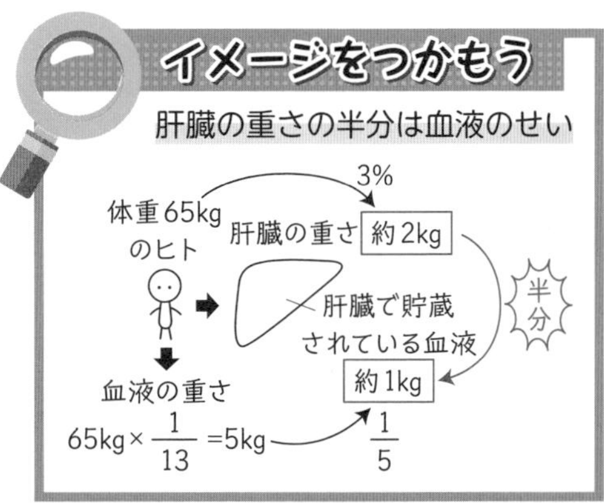

テーマ35 酸素解離曲線

板書

酸素解離曲線

主に酸素の運搬を行う色素

❶ ヘモグロビン(Hb)…赤血球中に含まれる呼吸色素
➡ヘム(Fe を含む色素)＋グロビン(タンパク質)

《ヘモグロビンと酸素の反応》

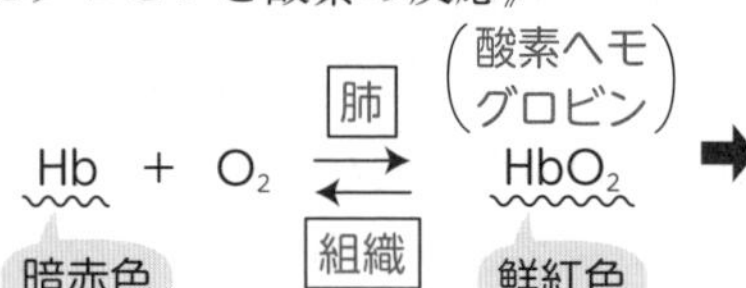

Hb は肺で HbO_2 になりやすく，組織でその O_2 を解離しやすい

《ヘモグロビンの性質》

❷

	まわり(血液中)に			
	O_2 が多い	O_2 が少ない	CO_2 が多い	CO_2 が少ない
場所	肺	組織	組織	肺
O_2 と結合	しやすい	しにくい	しにくい	しやすい

（O_2 が多い・O_2 が少ない：★　CO_2 が多い・CO_2 が少ない：※）

(★の条件下において)

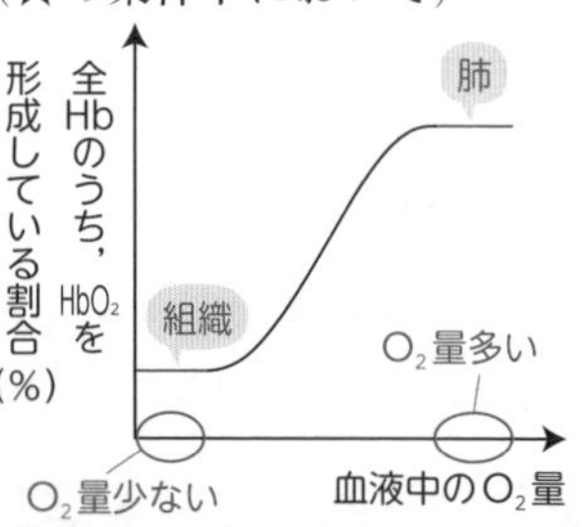

(※の条件下において)

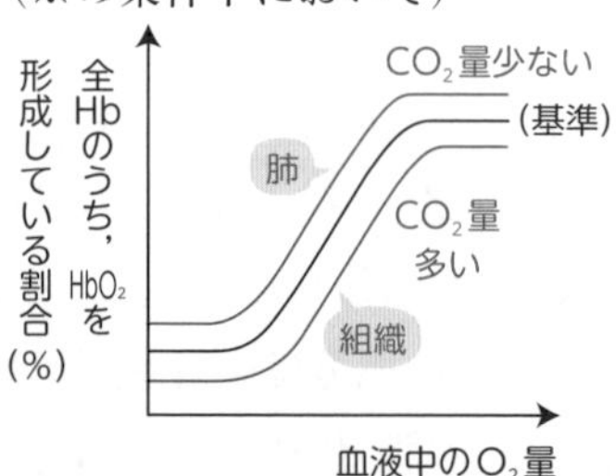

❸

POINT いろいろなヘモグロビン

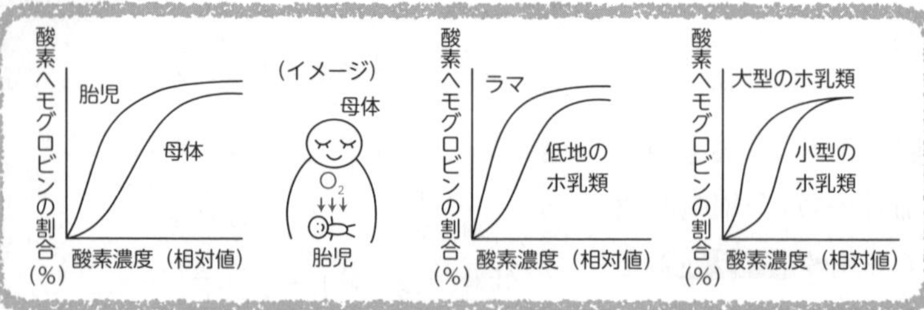

ポイントレクチャー

❶ **ヘモグロビン(Hb)**は赤血球中に存在し，**Fe**を含む赤い色素(ヘム)をもつタンパク質(呼吸色素)だよ。Hb以外の呼吸色素として，**ミオグロビン**(筋肉中に存在し，**Fe**を含む赤い色素をもつ)や**ヘモシアニン**(節足動物や軟体動物の体内に存在し，**Cu**を含む青い色素をもつ)も知っておこう。

❷ Hbが，血液中にO_2が多くCO_2が少ない「**肺**」において“**O_2と結合しやすい**”性質をもち，血液中にO_2が少なくCO_2が多い「**組織**」において“**O_2と結合しにくい**”性質をもつことから，**酸素解離曲線**が作成されたよ。酸素解離曲線とは，「**血液中のO_2量に対して，全Hbのうちの何%がHbO_2を形成しているか**」を表した曲線で，まず最初は，“血液中のO_2量が多い肺では縦軸の値が極端に**大きく**，血液中のO_2量が少ない組織では縦軸の値が極端に**小さい**(★の条件を元に)”ことから，このようなS字状となったのね。その後，“血液中のCO_2量が少ない肺では曲線そのものが**左方**へ移動して，血液中のCO_2量が多い組織では曲線そのものが**右方**へ移動する(※の条件を元に)”ことから，S字状の曲線が複数本存在することになった。ここでは，**横軸の右側が「肺」専用の領域，左側が「組織」専用の領域，複数本ある曲線のうちの左側の曲線が「肺」専用の曲線，右側の曲線が「組織」専用の曲線であることを押さえておこう**！そして，テーマ36で酸素解離曲線の計算問題に挑んでいこうね。

❸ いろいろなHbの違いを個体別で確認しよう。胎児がもつHbは母体がもつHbよりもO_2の親和性が**高い**ため，**母体から胎児へO_2が移動しやすくなる**んだね。

あともう一歩踏み込んでみよう

赤血球によるCO_2の運搬方法

赤血球は，自身がもつ炭酸脱水酵素により，**CO_2**を**炭酸水素イオン(HCO_3^-)**に変換して血しょう中に溶け込ませる。

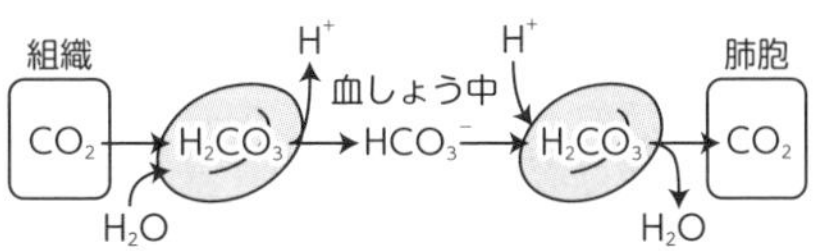

肺まで運搬されたHCO_3^-は，同じ酵素により再び**CO_2**に戻され，体外に放出される。

テーマ36 酸素解離曲線の計算問題

板書

酸素解離曲線の計算問題

あるホ乳類の肺胞を通過した血中の O_2 分圧は 100 mmHg，CO_2 分圧は 40 mmHg で，ある組織を通過した血中の O_2 分圧は 30 mmHg，CO_2 分圧は 60 mmHg とする。なお，答えは小数第1位まで記せ。

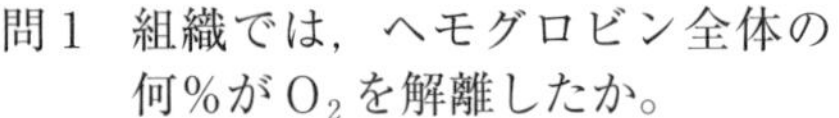

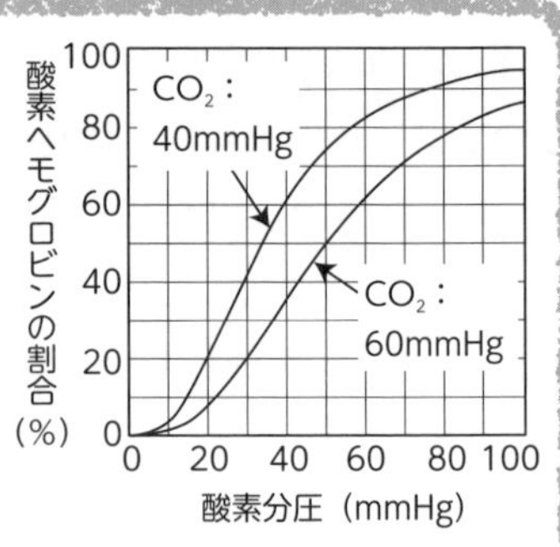

問1　組織では，ヘモグロビン全体の何％が O_2 を解離したか。

問2　組織では，酸素ヘモグロビンの何％が O_2 を解離したか。

問3　肺胞中の血液 100 mL が 20 mL の O_2 を吸収しているとすると，組織に供給された O_2 量は，血液 100 mL 当たり何 mL か。

❶

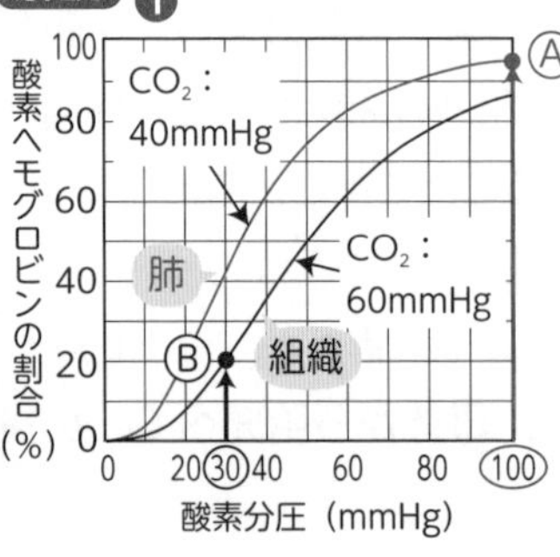

Ⓐ…95％（肺における HbO_2 の割合）

Ⓑ…20％（組織における HbO_2 の割合）

イメージ

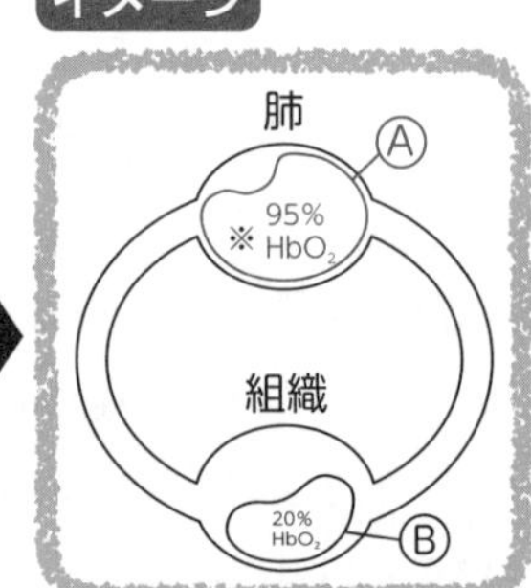

問1　95％－20％＝75％…(答)

❷
問2　$(95\% - 20\%) \times \frac{100}{95} \fallingdotseq 78.9\%$…(答)

（※の「95％」を「100％」として換算して考える）

問3　20 mL × 0.789 ≒ 15.8 mL…(答)

（血液100mL当たりの O_2 量）

❸ 問題文の「肺胞中における 20 mL の O_2」はすべて肺胞中に存在する HbO_2 の“O_2”であるため，問2の結果を利用する

ポイントレクチャー

❶ まず，肺の血中の O_2 分圧（横軸の **100 mmHg**）に対応する縦軸の値を**肺専用である左側の曲線**から読みとろう。その値は**肺における HbO_2 の割合（Ⓐ）**となるよ。また，**組織における HbO_2 の割合（Ⓑ）**も同様に，組織の血中の O_2 分圧（横軸の **30 mmHg**）に対応する縦軸の値を**組織専用である右側の曲線**から読み取ろう。Ⓐの値（**95%**）とⒷの値（**20%**）の差である **75%**が“**Hb 全体のうち**，組織で O_2 を解離した HbO_2 の割合”を表すことになるよ（問 1）。

❷ 問 2 では「**HbO_2 のうち**，組織で O_2 を解離した割合」が問われているので，**ここでは※の 95%（肺における HbO_2 の割合）が 100%になるように換算して求めていこう**！

❸ 問 3 の問題文中にある「20 mL の O_2」は“**肺胞中に存在する HbO_2 の O_2**”を表しているため，肺胞中の血液 100 mL が吸収している O_2 量である 20 mL に，問 2 の結果（**78.9%…割合でいうと 0.789**）を掛ければよい。

類題を解こう

酸素解離曲線の計算問題

あるホ乳類の肺胞を通過した血中の O_2 分圧は 100mmHg，CO_2 分圧は 40mmHg で，ある組織を通過した血中の O_2 分圧は 40mmHg，CO_2 分圧は 70mmHg とする。

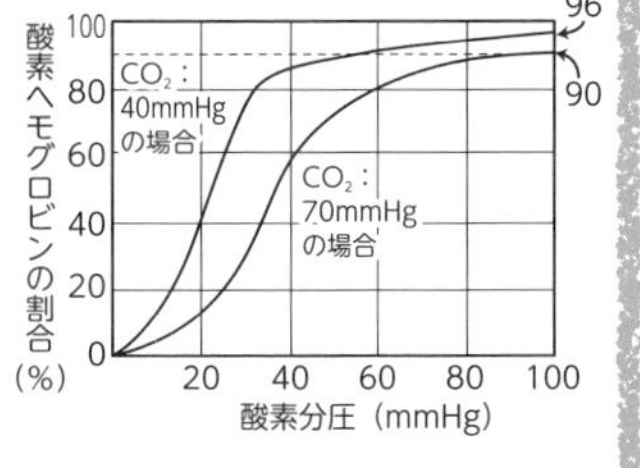

問 1　組織では，酸素ヘモグロビンの何%が O_2 を解離したか。

問 2　ヘモグロビンは 1mL の血液中に 150mg 含まれており，1g のヘモグロビンは肺胞で 1.3mL の酸素を結合するものとすると，1L の血液が組織へ供給する酸素の量は何 mL か。

解説 問 1　**$(96\% - 60\%) \times \frac{100}{96} = 37.5\%$…（答）**

問 2　**$150\text{mg} \times 1000 = 150000\text{mg} = 150\text{g}$**

…1 L の血液中に含まれるヘモグロビンの量

$150\text{g} \times 1.3\text{mL}/\text{g} = 195\text{mL}$

…肺胞中の血液 1L に含まれる O_2 の量

➡組織に供給される O_2 量は **$195\text{mL} \times 0.375 = 73.125\text{mL}$…（答）**

テーマ37 腎臓の構造と尿生成

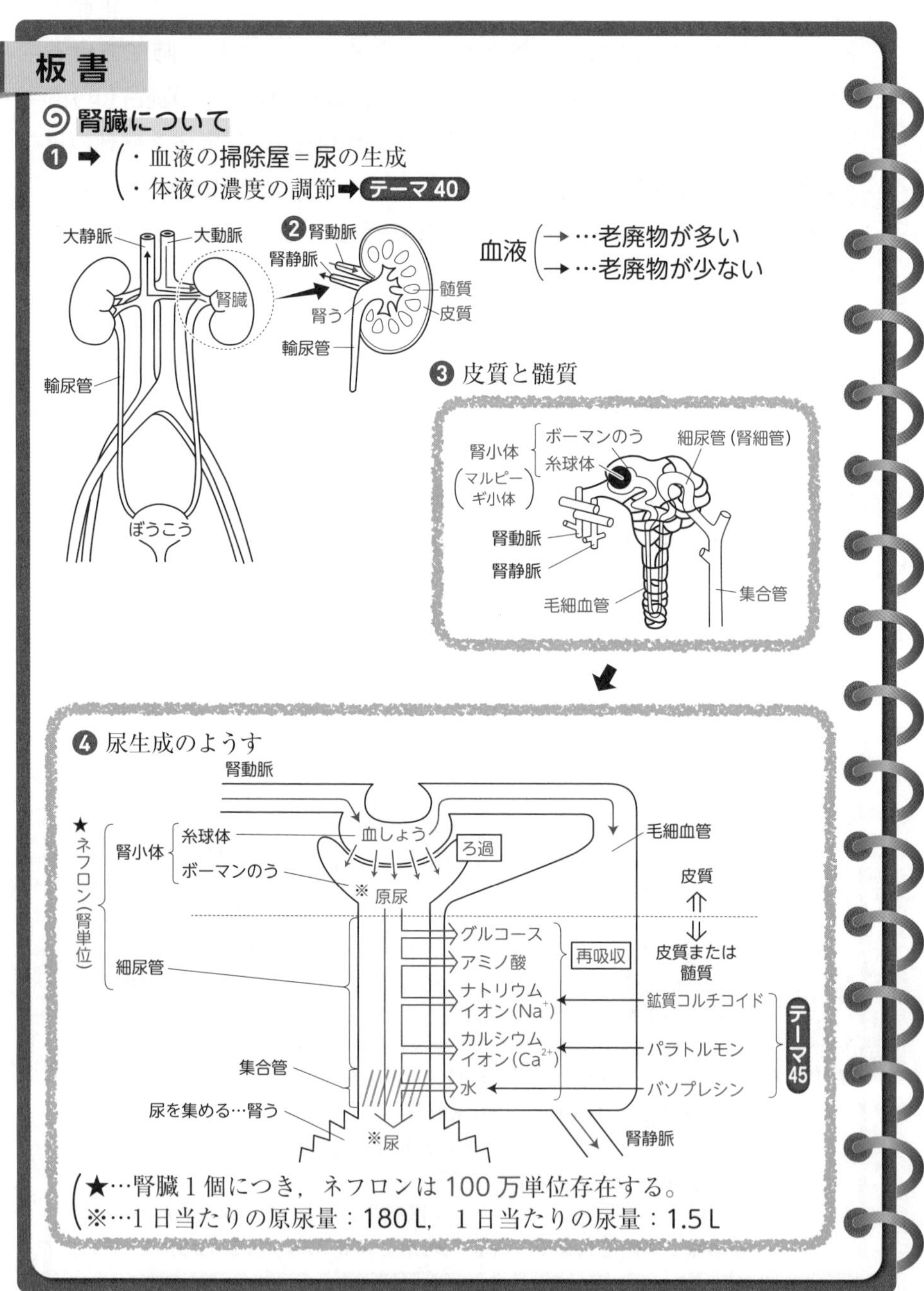

ポイントレクチャー

❶ 腎臓は血液の掃除屋。血液中に含まれる老廃物を除去し，血液のゴミである「**尿**」を生成している臓器だね。では，腎臓はどのような掃除方法で血液を掃除しているのか？本テーマでは，それについて押さえていこうね。

❷ テーマ33で学習したように，腎臓に入る血液を含む血管は“**腎動脈**”，腎臓から出る血液を含む血管は“**腎静脈**”だね。ここで，腎動脈の血液は腎臓を経験する“前”の血液なので**老廃物が多く**，腎静脈の血液は腎臓を経験した“後”の血液なので**老廃物が少ない**ことを押さえておこう。腎臓は「**皮質**」「**髄質**」「**腎う**」の3つの領域に分けられ，皮質ではおもに「**ろ過**」が，髄質ではおもに「**再吸収**」が行われ，腎うでは尿が集められているんだ。

❸ “皮質と髄質”の拡大図を示しておくね。**ここに書かれている**赤字**の単語はすべて覚えよう**！

❹ “尿生成のようす”を詳しく説明するね。まず，腎動脈を流れている老廃物が多い血しょうは，**糸球体**から**ボーマンのう**へ**ろ過**され**原尿**になる。原尿には体内にとって“必要な成分”と“不必要な成分”が含まれており，**グルコース**，**アミノ酸**，**Na^+**，**Ca^{2+}**，**水**などの体内にとって必要な成分は，**細尿管**と**集合管**から**毛細血管**へ**再吸収**されるのね（Na^+，Ca^{2+}，水の再吸収を促進するホルモンについてはテーマ45にて詳しく）。このとき，再吸収により再び血管内へ戻された成分は腎静脈の血液の成分となるが，再吸収されなかった成分は尿の成分となり体外へ排出される，ということなのね。

テーマ38**で，この「ろ過」と「再吸収」についてさらに詳しく説明するね**。また，ネフロンが腎臓1個につき**100万**単位存在することを覚えておこうね。さらに，1日当たりの原尿量がおよそ**180 L**，1日当たりの尿量がおよそ**1.5 L**であることも押さえておこう。

イメージをつかもう

尿は無菌

尿…血液のゴミ

ともに無菌

（尿は汚いイメージがあるかもしれないが，実は無菌。）

テーマ38 ろ過，再吸収

板書

血管内壁を押し広げる力

ろ過と再吸収

❶
・ろ過　…糸球体に空いている小さな穴から血しょうが“血圧”によって押し出される。
（ろ過されないもの＝穴を通過できない比較的大きなもの）
➡血球，タンパク質

・再吸収…体内にとって必要な成分を毛細血管内に再び戻す。
（ろ過されるがほとんど再吸収されるもの）
➡グルコース，アミノ酸，Na^{+}，水
（再吸収率）　100%　　❷ 99%

腎臓計算のPOINT

❸
・濃縮率…原尿（血しょう）から尿が生成されるときに「ある成分が何倍に濃縮されたか」を示す数値

$$\frac{\text{尿中のある成分の濃度}}{\text{原尿（血しょう）中のある成分の濃度}}$$

❹
・イヌリン…100%再吸収されない物質。イヌリンの濃縮率から「原尿量」を求めることができる。

絶対暗記！

ある時間内の原尿量（ろ過量）
＝　イヌリンの濃縮率　×　その時間内の尿量

（この公式の証明）

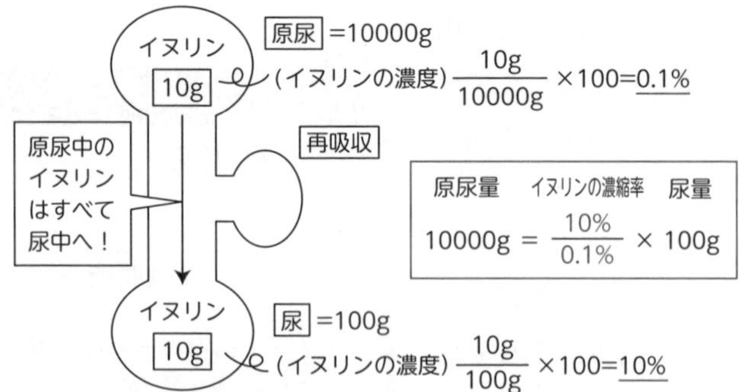

ポイントレクチャー

❶ 本テーマでは「**ろ過**」と「**再吸収**」についてより詳しく説明していくね。テーマ37 **の板書の図を見ながら本テーマを押さえていくとより効果的だよ**！ろ過は糸球体に空いている穴から血しょうが血圧によって押し出される現象のことで，糸球体の穴を通過できない大きな分子(**血球，タンパク質**)はろ過されない。再吸収はATPのエネルギーを使って，体内に必要な物質を毛細血管内に再び戻す現象のことで，原尿中に含まれる**グルコース**と**アミノ酸**は**100**%，Na^+と**水**はおよそ**99**%再吸収されるよ。

❷ 例えば塩分量が多めの食事をとると，血液中の塩分濃度が高くなるため，その濃度を下げようと**水の再吸収量(バソプレシンの分泌量)が増加**し，濃い尿が生成される。このように腎臓は，僕たちのからだの状況に応じて体液の濃度の調節を行っているよ(上図)。

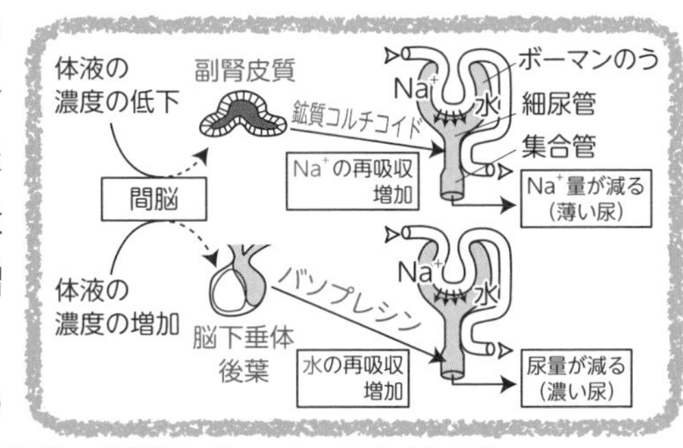

❸ **濃縮率**は体内の成分の“**不必要度**”を示す目安となるよ。濃縮率が高いと体内にとって“**不必要な**”成分，低いと体内にとって“**必要な**”成分ということになるんだ。

❹ **イヌリンを用いた原尿量を求める公式を絶対に覚えよう**！余裕があれば，この公式の証明にも目を通しておこうね。この公式を覚えた状態で，テーマ39の腎臓の計算問題に挑んでいこう。

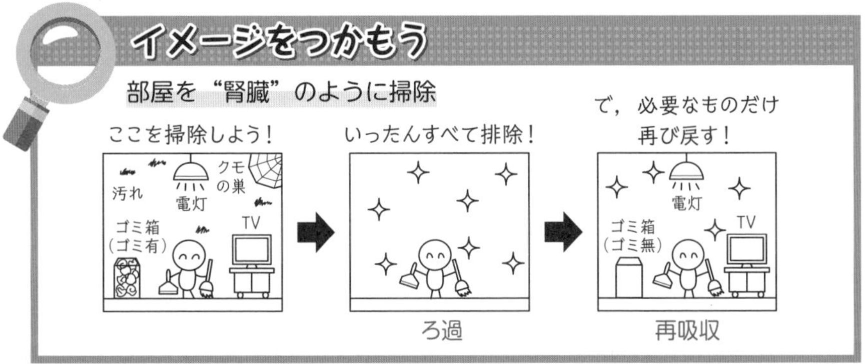

テーマ39 腎臓の計算問題

板書

腎臓の計算問題

右の表は，ある人の原尿と尿の組成の比較である。1日当たりの尿量を1.5 Lとする。なお，答えは小数第1位まで記せ。

	原尿中の濃度 [mg／100 mL]	尿中の濃度 [mg／100 mL]
尿素	30	2000
イヌリン	10	1200
K^+	20	160

問1　1日当たりの原尿量は何Lか。
問2　1日当たりの尿素の再吸収量は何gか。
問3　尿素の再吸収率は何%か。
問4　水(原尿からの物質すべて)の再吸収率は何%か。

解説

❶ 問1　イヌリンの濃縮率　1日当たりの尿量

$$\frac{1200}{10} \times 1.5\,\text{L} = 180\,\text{L} \cdots \text{(答)}$$

❷ 問2　以下の図を書く！

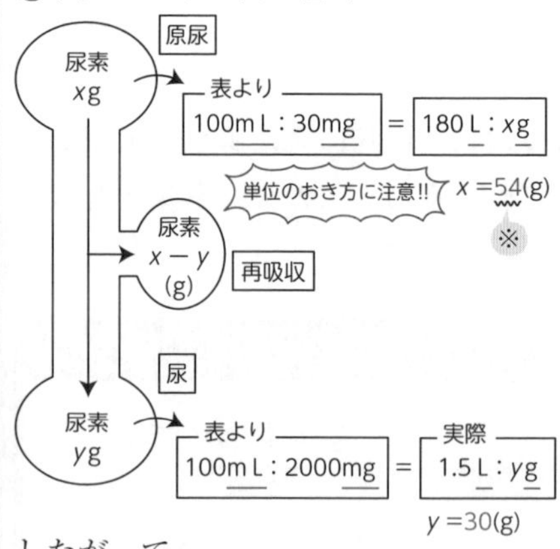

したがって，
$x - y = 54 - 30 = 24\,\text{g}$ …(答)
※

❸ 問3　※より

$$\frac{24\,\text{g}}{54\,\text{g}} \times 100 = 44.4\% \cdots \text{(答)}$$

❹ 問4

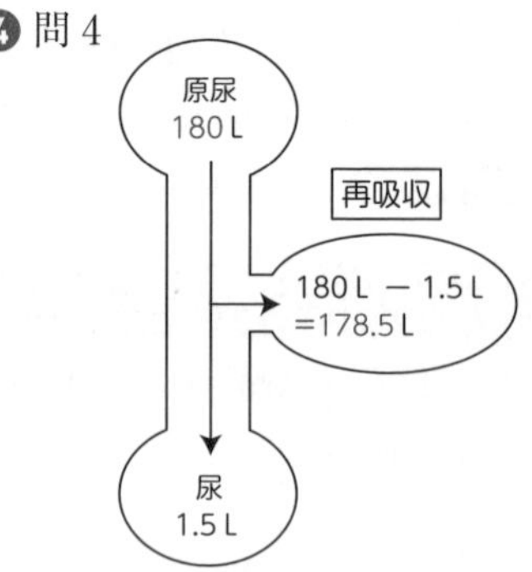

したがって，

$$\frac{178.5\,\text{L}}{180\,\text{L}} \times 100 \fallingdotseq 99.2\,\% \cdots \text{(答)}$$

ポイントレクチャー

❶ テーマ38 で学習した「イヌリンを用いた原尿量を求める公式」に該当する数値を当てはめよう！“イヌリンの濃縮率”は表より$\frac{1200}{10}$であることが，“1日当たりの尿量”は問題文中より **1.5 L** であることがわかるよ。

❷ **問2は頻出問題だ**！**この変な形のダンベルみたいな図を必ず書いて，著者の解法を完璧に押さえていこう**！まず，原尿中の尿素の量を x(g)，尿中の尿素の量を y(g)とし，これらとともに尿素の再吸収量である $x-y$(g)もこの図に書き込もう。次に，x を求めるために，表に書かれている原尿中の尿素の濃度 **30[mg ／100 mL]**に注目しよう。これは“**原尿 100 mL 中に 30 mg の尿素が含まれている**”という意味なので，実際の原尿量である **180 L** との比で x の値を求めることができるよ。**このとき，単位のおき方に注意しよう(mL ：mg = L ：g)**！次に，y を求めるために，表に書かれている尿中の尿素の濃度 **2000[mg ／100 mL]**に注目しよう。あとは，x を求めたときと同様に，実際の尿量である **1.5 L** との比で y の値を求めることができるね。そして最後に，$x-y$ をすれば答えを求めることができるよ。

❸ 問3では尿素の再吸収**率**が問われているね。再吸収率は「原尿に含まれていたある成分の量のうち，何％分が細尿管や集合管で再吸収されたか」を示す数値(％)のこと。したがって，問2で求めた x(原尿中の尿素の量)と $x-y$(再吸収された尿素の量)の数値を用いて，分母に x，分子に $x-y$ をおいて× 100 するだけでＯＫだよ。

❹ 問4では水(原尿からの物質すべて)の再吸収率が問われているね。このようなときは，実際の原尿量と実際の尿量を図に書き込み，実際の再吸収量を求め，問3と同じように立式していけば解けるよ。

類題を解こう

腎臓計算の追加問題

問5　1日当たりの K^+ の再吸収量は何 g か。　**33.6g…(答)**

問6　K^+ の再吸収率は何％か。　**93.3%…(答)**

(問2＆3の解法を参考にして，左ページの図を書きながら問題に挑もう！)

テーマ40 体液濃度の調節

板書

いろいろな動物の体液濃度

例 ヒト（ホ乳類）の塩類濃度　：0.9％
　 カエル（両生類）の塩類濃度：0.65％

❶

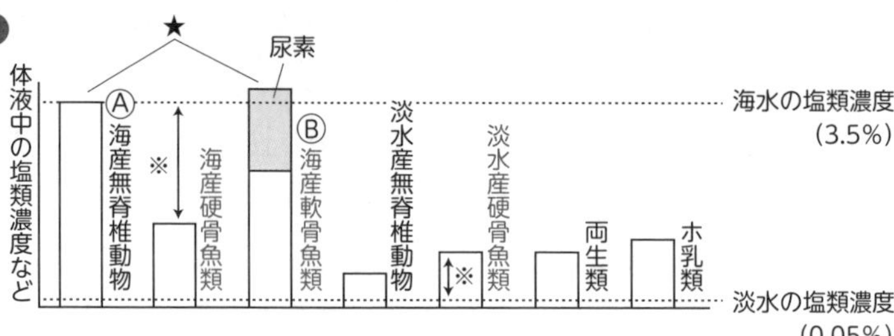

❷（生物例）Ⓐ海産無脊椎動物…カニなど
　　　　　 Ⓑ海産軟骨魚類　…サメ，エイなど

➡これらの生物は，海水（環境水）の塩類濃度と自分の体液の塩類濃度が同じ（★）であるため，濃度調節を行う必要がない。

❸ ・海産硬骨魚類　…体液の濃度が海水（環境水）より**低い**
　 ・淡水産硬骨魚類…体液の濃度が淡水（環境水）より**高い**

➡これらの生物は，環境水の塩類濃度と自分の体液の塩類濃度が異なる（※）ため，濃度調節を行う必要がある。➡テーマ41

❹

POINT グラフの読みとり方

例　カニ

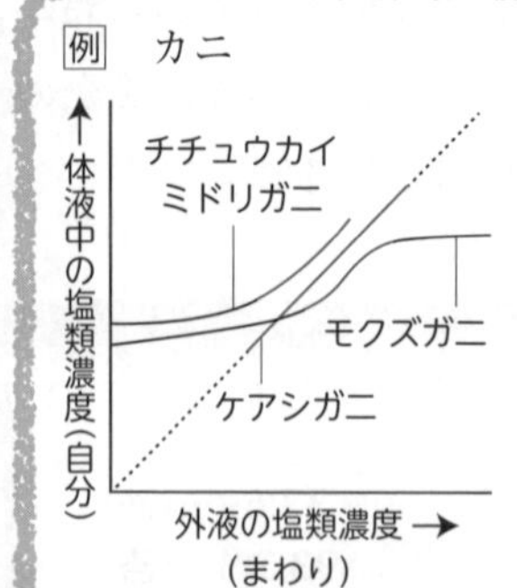

	塩類濃度の調節能力	エネルギー利用の必要性	細胞の耐性
傾き㊆	低い	低い	高い
傾き㊇	高い	高い	低い

・チチュウカイミドリガニ…淡水生
・ケアシガニ　　　　　　…海水生
・モクズガニ　　　　　　…淡海水生

ポイントレクチャー

❶　いろいろな動物の体液濃度の違いを棒グラフで確認していこう。海や川などの水が常に周りにある環境で生活している生物は，その周りの水(環境水)の塩類濃度と体液の塩類濃度との差に注意を払って生活をしているのね。ここで，僕たちヒトの日常の生活ではあまり体感できない水生生物たちの苦労を理解していこう。

❷　**海産無脊椎動物**や**海産軟骨魚類**は，環境水と体液の塩類濃度が同じであるため，**濃度調節を行う必要がない**。例えば僕たちヒトでも，お風呂の湯船に長い間浸かると，湯船のお湯が体内に入ってきて指などがふやけることがあるよね？海産無脊椎動物や海産軟骨魚類はそのようなことがないように進化してきたということだね。

❸　**海産硬骨魚類**や**淡水産硬骨魚類**は，環境水と体液の塩類濃度が異なるため，**濃度調節を行う必要がある**。この詳しいようすをテーマ41で説明していくね。

❹　このグラフの読みとり方を習得していこう。このグラフは横軸が外液の塩類濃度(“まわり”の塩類濃度)，縦軸が体液中の塩類濃度(“自分”の塩類濃度)を表しているため，ここでは，「**“まわりの濃度”が変わったときに，“自分の濃度”がどのくらい変わるか**」に注目して考えていけばよいよ。つまり，グラフの傾きが「大きい」ということは，“まわり”の変化に対して“自分”もそれに合わせるように変化しているため，「そのような生物の調節能力は**低い➡**エネルギーを**あまり使わない**&細胞の耐性は**高い**」ということになるよね。逆に，グラフの傾きが「小さい」ということは，“まわり”の変化に対して“自分”はそれに合わせずに変化していないため，「そのような生物の調節能力は**高い➡**エネルギーを**よく使う**&細胞の耐性は**低い**」ということになる。この考え方をしっかり押さえておこうね。

イメージをつかもう

海産軟骨魚類

サメやエイなどの海産軟骨魚類は体液中に多くの尿素を蓄えることで，体液の濃度を海水の濃度と合わせている。

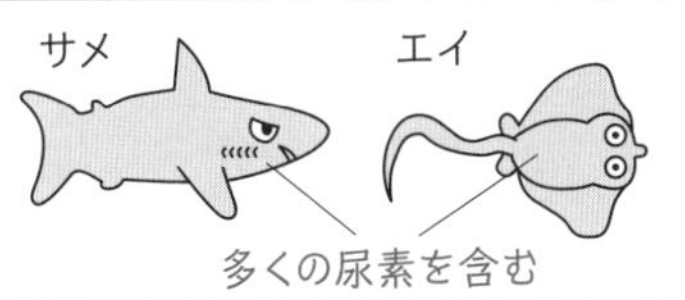

テーマ41 硬骨魚の濃度調節

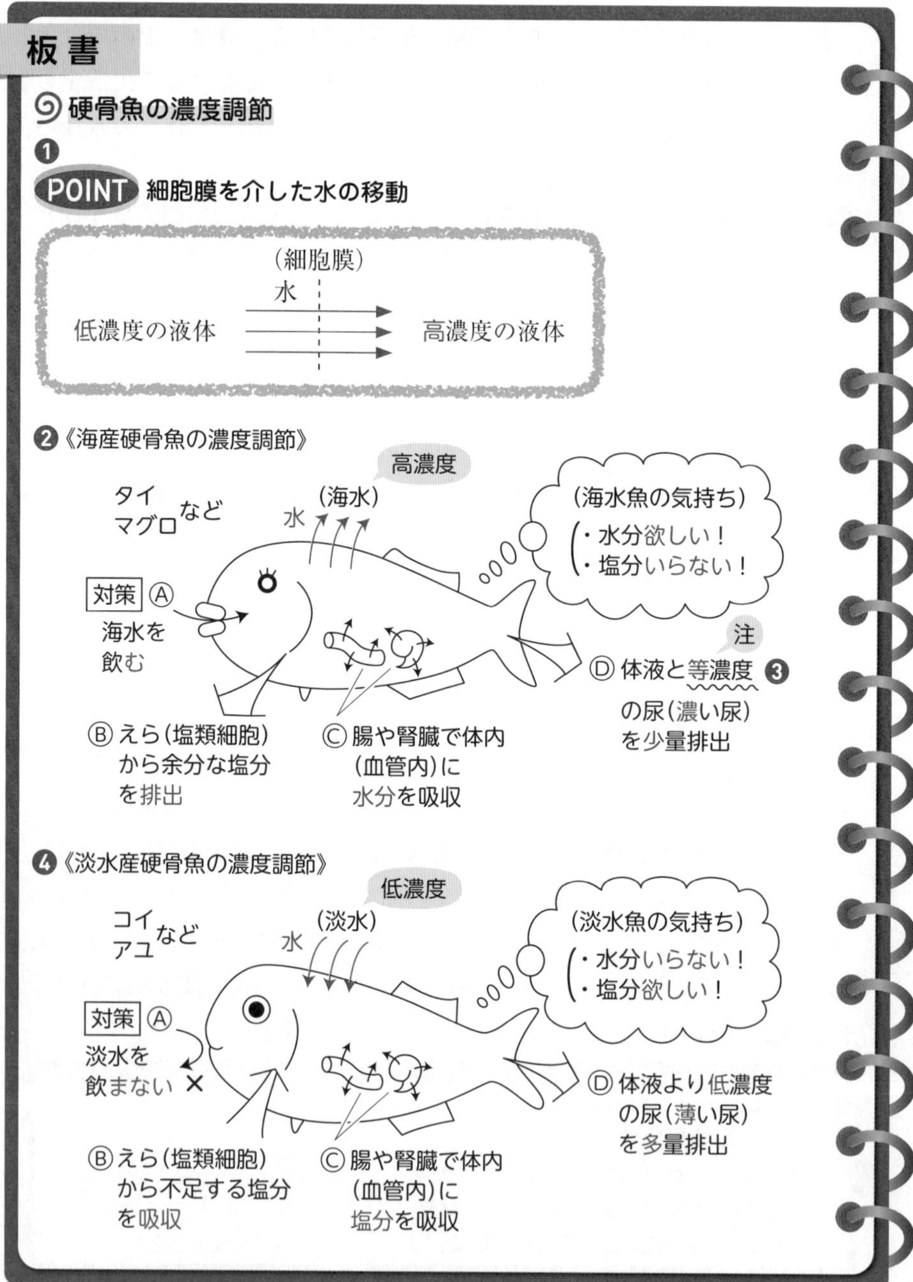

ポイントレクチャー

❶　本テーマでは，環境水の塩類濃度と体液の塩類濃度が異なる「硬骨魚」の濃度調節について勉強していこう。**なるべく魚たちの気持ちに寄り添って考えていくといいよ**。また，本テーマの導入として，細胞膜を介して「低濃度の液体→高濃度の液体」の方向に水が移動することをしっかりと押さえておこう。

❷　海産硬骨魚(海水魚)では，塩類濃度が高い海水が環境水であるため，常に体内の水が**出ていってしまう**のね。そのため，海水魚は“水分**欲しい**！塩分**いらない**！”という気持ちを常にもったまま生活しているんだ。その対策としてⒶ～Ⓓの行動をとっていると考えていこう。ちなみに，ウミガメやウミドリは塩分を排出するえらをもたないが，代わりに**塩類腺**をもっているよ。

❸　海水魚は“水分欲しい！塩分いらない！”という気持ちを常にもったまま生活しているのに，どうしてⒹでは高濃度の尿ではなく，**等**濃度の尿を排出するのだろう？それは，海水魚の腎臓が未発達であるから。僕たちヒトや淡水産硬骨魚類(淡水魚)は，昔は海に生息していたが，進化の過程でヒトは陸上へ，淡水魚は川へと生息地を変化させた。その生息環境の変化に応じて，ヒトや淡水魚は腎臓などの濃度調節を行う器官を発達させたからこそ，新しい生息地で生活できたんだ。海水魚は昔から生息地を変化させていないぶん，腎臓が他の生物に比べ未発達であり，海水魚にとっては等濃度の尿が“最も高濃度の尿”ということになるのね。

❹　淡水魚では，塩類濃度が低い淡水が環境水であるため，常に体内から水が**入ってきてしまう**のね。そのため，淡水魚は“水分**いらない**！塩分**欲しい**！”という気持ちを常にもったまま生活しているんだ。淡水魚も海水魚と同様，その対策としてⒶ～Ⓓの行動をとっていると考えていこうね。

覚えるツボを押そう

魚の気持ち

◆海水魚…**水が体外へ出ていく**　➡　水分**欲しい**！塩分**いらない**！
◆淡水魚…**水が体内に入ってくる**　➡　水分**いらない**！塩分**欲しい**！

テーマ42 自律神経系

板書

❶
自律神経系について
➡交感神経と副交感神経が脳や脊髄から出て，不随意的に内臓諸器官を拮抗的(対抗的)にはたらかせる。
➡自律神経系の最高調節中枢は間脳の視床下部である。

❷
POINT 自律神経系の暗記のコツ

・各神経のはたらき ・各神経の起点
・副交感神経の名称 ・各神経が分泌する神経伝達物質 ➡テーマ43

❸
・交感神経 ➡活動的(戦闘的)なイメージ…空腹時
・副交感神経➡安静的なイメージ …満腹時

	瞳孔	立毛筋	汗腺(発汗)	心臓(拍動)	気管支	皮膚の血管	胃(ぜん動)	ぼうこう(排尿)
交感神経	拡大	収縮	促進	促進	拡張	収縮	抑制	抑制
副交感神経	縮小	−	−	抑制	収縮	−	促進	促進

−；分布なし

❹
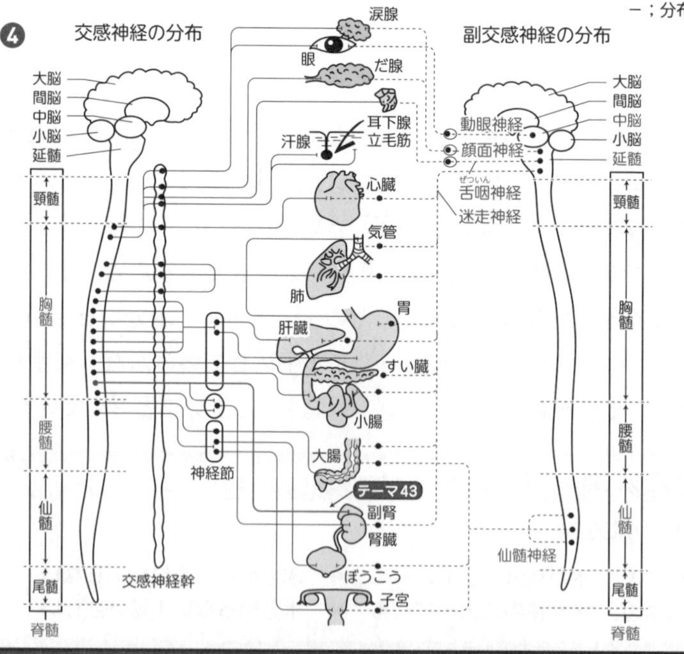

ポイントレクチャー

❶ 自律神経系が「**交感**神経と**副交感**神経からなること」「**不随意**的に**内臓諸器官**を**拮抗**的(**対抗**的)にはたらかせること」の２点をつかんでおこうね。

❷ **自律神経系の暗記のコツはこの４つ。**「**各神経のはたらき**」については❸にて，「**各神経の起点**」「**副交感神経の名称**」については❹にて，「**各神経が分泌する神経伝達物質**」についてはテーマ43にて詳しく説明するね。**１つ１つ確実に定着させていこう**！

❸ 交感神経は**活動**的(**戦闘**的)，副交感神経は**安静**的なときにはたらくイメージ。表を見ながらイメージをふくらませていこうね。交感神経は瞳孔➡**拡大**(ケンカしているイメージ)，心臓拍動➡**促進**(ドキドキしているイメージ)，気管支➡**拡張**(呼吸が盛んなイメージ)，排尿➡**抑制**(活動中はトイレに行かないイメージ)と考えていこう。また，副交感神経は**その逆のイメージ**で考えればいいよ。あと，胃のぜん動に関しては，交感神経は**空腹**時に，副交感神経は**満腹**時にはたらくと考えればつじつまが合うよ。また，体温の調節に関しては，立毛筋，汗腺，皮膚の血管に副交感神経が分布していないことから，交感神経しかはたらかないことに注目しておこうね。これに関しては，テーマ49で詳しく説明するね。

❹ この図を見ながら，交感神経の起点は「**脊髄**(**胸髄**と**腰髄**)」，副交感神経の起点は「**中脳**」「**延髄**」「**脊髄**(**仙髄**)」であることを確認しよう。また，副交感神経の名称として，中脳から出る「**動眼神経**」，延髄から出る「**顔面神経**」「**舌咽神経**」「**迷走神経**」，仙髄から出る「**仙髄神経**」についてもしっかりと押さえておこうね。

イメージをつかもう

自律神経のはたらき

《交感神経がはたらいているとき》
緊張時 や 興奮時 や 空腹時

➡エネルギー消費の方向

《副交感神経がはたらいているとき》
安静時 や 満腹時(摂食時)

➡エネルギー蓄積の方向

03 体内環境の維持

テーマ43 自律神経系と神経伝達物質

❷ ㊟ただし，汗腺とつながっている交感神経はアセチルコリンを分泌

自律神経系と神経伝達物質

❶ ➡ ・交感神経　…ノルアドレナリン
・副交感神経…アセチルコリン

❷

POINT 神経節…自律神経がまとまって分泌する構造

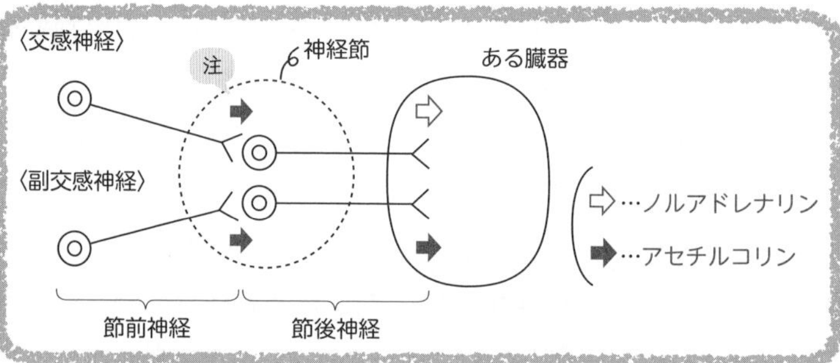

❸ (例外) 神経節を介さない交感神経

神経節
〃
アセチルコリン
副腎髄質
ノルアドレナリン
〈交感神経〉
これが副腎髄質の中でアドレナリンへと変化
テーマ45

❹

POINT レーウィ(アメリカ)の実験

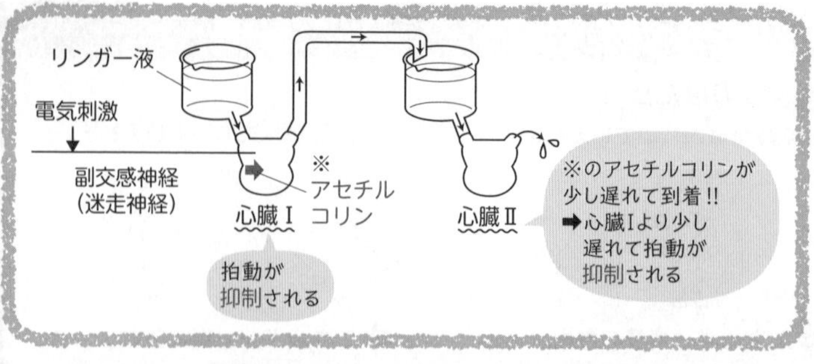

ポイントレクチャー

❶　本テーマでは「神経伝達物質」について詳しく説明していくね。テーマ42の板書の図を見ながら本テーマを押さえていくと，より効果的だよ！まずは，交感神経が分泌する神経伝達物質は**ノルアドレナリン**，副交感神経が分泌する神経伝達物質は**アセチルコリン**であることを押さえておこうね。

❷　しかし，一部の交感神経がノルアドレナリンではなく，**アセチルコリン**を分泌することに注意したい。**汗腺**とつながっている交感神経はアセチルコリンを分泌するよ。また，神経節(各自律神経がまとまって分泌する構造)に神経伝達物質を分泌する交感神経(**節前神経**)はアセチルコリンを分泌することも，この図から確認しておこう。

❸　交感神経の中には神経節を介さないものがある。それは副腎髄質とつながっている交感神経(➡テーマ42の板書の図で**赤線**で示してある)で，この場合，副腎髄質が神経節の役割を担っているんだ。副腎髄質の中には，節後神経が多数入っており，この神経から分泌されたノルアドレナリンは副腎がもつPNMTという酵素で**アドレナリン**へと変換されるのね。アドレナリンは副腎髄質が分泌するホルモン(血管内で作用する物質➡テーマ44)であり，体内ではノルアドレナリンと同様の効果をもたらすよ。

❹　これは，迷走神経を刺激することによって心臓Ⅰで分泌された**アセチルコリン**が心臓Ⅰの拍動を**抑制**させたあとに，リンガー液によって別の心臓Ⅱに移動し，心臓Ⅰより少し遅れて心臓Ⅱの拍動を**抑制**させたことを確認した実験だよ。このレーウィが行った実験より，“生理現象が物質によって調節されている”ことがわかるね。

03 体内環境の維持

ゴロで覚えよう

副交感神経が分泌する神経伝達物質

しかも汗腺!!

汗が散るから、服交換！

アセチルコリン

副交感神経

(交感神経(節後神経)が分泌する神経伝達物質はノルアドレナリン)

テーマ44 ホルモンと内分泌

板書

❶

ホルモンについて　※　テーマ45

➡体内の特定の部分(内分泌腺や神経分泌腺)でつくられたあと，近接する**血管**内に分泌され，**血流**によって全身を循環し，特定の器官(標的器官)や**細胞(標的細胞)**の活動を変化させる微量物質。

➡特有の**ホルモンレセプター**(★)が細胞ごとに存在する。

❷《内分泌腺と外分泌腺》

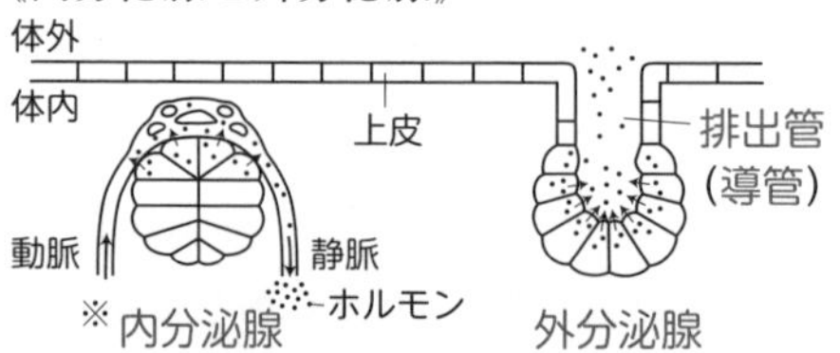

(外分泌腺の例)
- 汗腺
- だ液腺
- 涙腺
- 消化腺　など

❸（内分泌腺の例）

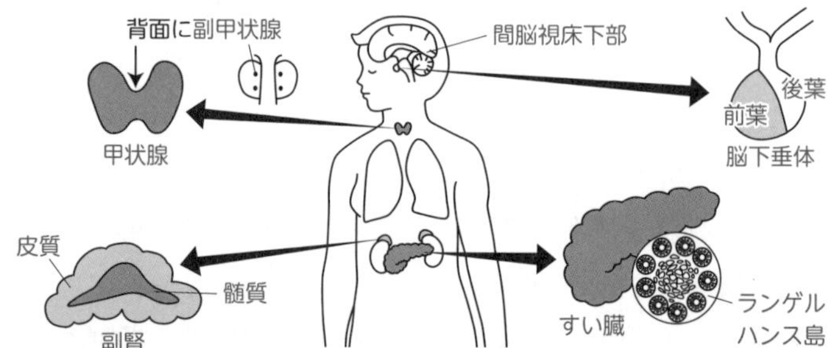

❹《ペプチド系ホルモンとステロイド系ホルモン》

- ペプチド系ホルモン　…タンパク質(アミノ酸)からなり，**細胞膜上**のホルモンレセプターに結合する。
- ステロイド系ホルモン…脂質からなり，**細胞内**のホルモンレセプターに結合する。

ペプチド系ホルモン

ステロイド系ホルモン

例 糖質コルチコイド，鉱質コルチコイド

(注 チロキシンはペプチド系ホルモンだが，細胞内にレセプターをもつ。)

ポイントレクチャー

❶ ホルモンが「**内分泌腺**や**神経分泌腺**でつくられること」「**血管**内に分泌され作用すること」「**標的細胞**の**ホルモンレセプター**に結合すること」の３点をつかんでおこうね。

❷ **内分泌腺**は隣接する血管内（体内）にホルモンを分泌する組織であり，**外分泌腺**は体外に汗や消化液などを分泌する組織である。外分泌腺は体外とつながっている管である**排出管（導管）**をもつが，内分泌腺はもたないことを押さえておこうね。

❸ 内分泌腺の例をいくつかあげておくね。テーマ45 **のホルモンの表と照らし合わせ，“どの内分泌腺がどのホルモンを分泌するか”を確認しておこう**！

❹ ホルモンはその構成成分の違いで「**ペプチド系ホルモン**」と「**ステロイド系ホルモン**」に分けられるよ。ペプチド系ホルモンはタンパク質（アミノ酸）からなり，ほとんどのペプチド系ホルモンは**細胞膜上**のホルモンレセプターに結合する。ステロイド系ホルモンは脂質からなり，**細胞内**のホルモンレセプターに結合する。**“糖質コルチコイドと鉱質コルチコイド以外はペプチド系ホルモンである”**と押さえておくといいよ。また，ペプチド系ホルモンは胃液で分解されるため，経口投与（薬として口から飲むこと）した場合，その効果を**示さない**が，ステロイド系ホルモンは経口投与してもその効果を**示す**ことも知っておこう。なお，チロキシンはペプチド系ホルモンではあるが，ヨウ素を含むアミノ酸の一種（低分子な物質）であるため，例外的に細胞膜を通過でき，かつ，胃液で分解されない。したがって，チロキシンレセプターは**細胞内**に存在すること，および，チロキシンは経口投与してもその効果を**示す**ことを押さえておいてね。

イメージをつかもう

自律神経系とホルモンの相違点

	作用する場所	効果	効果時間
自律神経系	局所的	急速に現れる	一過性
ホルモン	広範囲	徐々に現れる	持続的

ホルモン：「飲み薬」（血液によって運ばれる）のイメージ

テーマ45 ホルモンの表

❶ POINT ホルモンの暗記のコツ

・腎臓関係➡テーマ37 & 38
・フィードバック関係➡テーマ46
・血糖量関係➡テーマ47 & 48

板書

❷ ホルモンの表

内分泌腺		ホルモン	はたらき
間脳視床下部		放出ホルモン 放出抑制ホルモン ※1	脳下垂体前葉ホルモンの分泌促進または分泌抑制。
脳下垂体	前葉	成長ホルモン	タンパク質の合成促進。 血糖量の増加。骨の発育促進。
		甲状腺刺激ホルモン	チロキシンの分泌促進。
		副腎皮質刺激ホルモン	糖質コルチコイドの分泌促進。
	後葉	バソプレシン ※2	腎臓(集合管)での水分再吸収を促進。 血圧上昇を促進。
甲状腺		チロキシン	代謝を促進。 血糖量の増加。
副甲状腺		パラトルモン	血液中の Ca^{2+} 量の増加。
副腎	髄質	❸ アドレナリン ※3	血糖量の増加。
	皮質	糖質コルチコイド	血糖量の増加。
		鉱質コルチコイド	腎臓(細尿管)での Na^+ の再吸収と K^+ の排出促進。
すい臓 ランゲルハンス島	B細胞	インスリン	血糖量の減少。
	A細胞	グルカゴン	血糖量の増加。

❹《神経分泌腺》

➡神経分泌細胞(ホルモンを分泌するニューロン)が集まった組織。間脳視床下部や脳下垂体後葉，副腎髄質に存在する。神経ホルモンを分泌する。

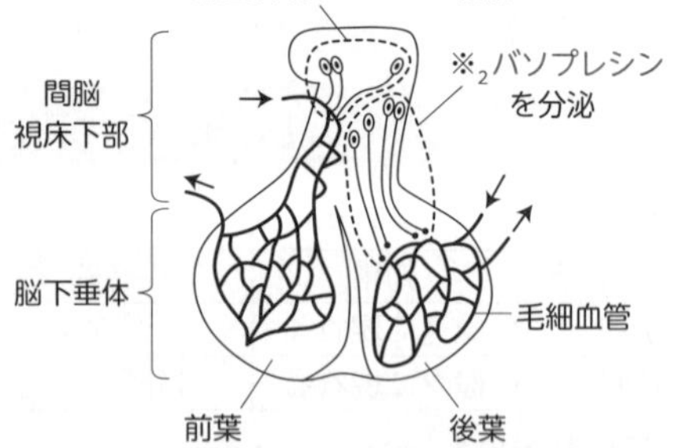

※1 放出ホルモン&
放出抑制ホルモン
※2 バソプレシン
※3 アドレナリン
➡テーマ43

ポイントレクチャー

❶ **ホルモンの暗記のコツはこの３つ**。「**腎臓**」関係の３つのホルモンについてはテーマ 37 & 38にて，「**フィードバック**」関係の６つのホルモンについてはテーマ 46にて，「**血糖量**」関係の６つのホルモンについてはテーマ 47 & 48にて詳しく説明するね。**このホルモンの表をじっと眺めて覚えていくのではなく，上記のテーマの現象を理解しながら，各ホルモンの名称やはたらきを覚えていこう**！

❷ このホルモンの表には載っていないホルモンの紹介をするね。

- **セクレチン**…すい液の分泌を促進。ホルモン発見の引き金となったホルモン。**ベイリス**（イギリス）と**スターリング**（イギリス）によって発見。
- **ガストリン**…胃液の分泌を促進。
- **カルシトニン**…血液中の Ca^{2+} 量の減少。甲状腺から分泌される。

❸ アドレナリンを発見（結晶化）したのは**高峰譲吉**である。

❹ **ホルモンは内分泌腺だけではなく，神経分泌腺からも分泌されていることを押さえておこう**！神経分泌腺は“**神経分泌細胞**（ホルモンを分泌するニューロン）が集まった組織”で，**神経ホルモン**とよばれるホルモンを分泌するのね（神経ホルモン以外のホルモンは腺ホルモンとよばれるよ）。神経ホルモンの例としては，**間脳視床下部**から分泌される「**甲状腺刺激ホルモン放出ホルモン**」「**副腎皮質刺激ホルモン放出ホルモン**」「成長ホルモン放出ホルモン」「成長ホルモン放出抑制ホルモン」や，**脳下垂体後葉**から分泌される「**バソプレシン**」「オキシトシン」，**副腎髄質**から分泌される「**アドレナリン**」があげられるよ。

覚えるツボを押そう

ホルモン暗記のコツ

◆腎臓関係
➡**バソプレシン，パラトルモン，鉱質コルチコイド**
◆フィードバック関係
➡**甲状腺刺激ホルモン放出ホルモン，甲状腺刺激ホルモン，チロキシン，副腎皮質刺激ホルモン放出ホルモン，副腎皮質刺激ホルモン，糖質コルチコイド**
◆血糖量関係
➡**成長ホルモン，チロキシン，アドレナリン，糖質コルチコイド，インスリン，グルカゴン**

テーマ46 フィードバック調節

板書

フィードバック調節

例 チロキシンの分泌調節(糖質コルチコイドでも同じ調節が見られる)

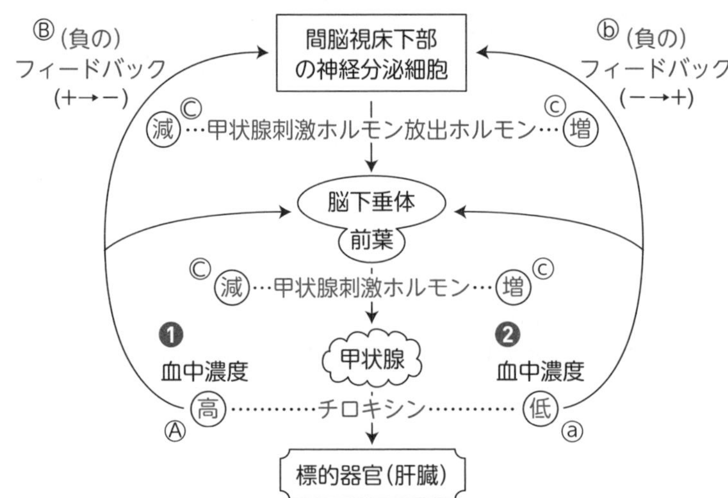

フィードバック調節に関する問題

問1 ある動物に過剰量のチロキシンを投与すると，甲状腺刺激ホルモンの量は増加するか，減少するか。

問2 ある動物の脳下垂体前葉を除去すると，甲状腺刺激ホルモン放出ホルモンの量は増加するか，減少するか。

❸

解説

問1 チロキシンの量が増加➡(負の)フィードバックにより，甲状腺刺激ホルモンの量は減少する…(答)

問2 脳下垂体前葉の除去➡甲状腺刺激ホルモンの量が減少➡チロキシンの量が減少➡(負の)フィードバックにより，甲状腺刺激ホルモン放出ホルモンの量は増加する…(答)

ポイントレクチャー

❶ チロキシンの血中濃度が高くなった場合(Ⓐ)，その情報が血液を介して間脳視床下部や脳下垂体前葉に伝わり(Ⓑ)，甲状腺刺激ホルモン放出ホルモンや甲状腺刺激ホルモンの分泌量が**減少**する(Ⓒ)。このように，“結果が原因に起因して，血液中のホルモンを適切な濃度に調節するしくみ”を**フィードバック**というよ。

❷ チロキシンの血中濃度が低くなった場合(ⓐ)，その情報が血液を介して間脳視床下部や脳下垂体前葉に伝わり(ⓑ)，甲状腺刺激ホルモン放出ホルモンや甲状腺刺激ホルモンの分泌量が**増加**する(ⓒ)。❶のようにホルモンの濃度が高い状態から低い状態へ調節する場合**(＋→－)**を**負のフィードバック**というが，ホルモンの濃度が低い状態から高い状態へ調節する場合**(－→＋)**も負のフィードバックというんだよ。ちなみに，濃度が高い状態から高い状態へ(＋→＋)，または，濃度が低い状態から低い状態へ(－→－)調節する場合は正のフィードバックというよ。

❸ 問１では，チロキシンの血中濃度が**増えた**ため，甲状腺刺激ホルモンの分泌量が**減少**するようなフィードバック調節が行われ，問２では，チロキシンの血中濃度が**減った**ため，甲状腺刺激ホルモン放出ホルモンの分泌量が**増加**するようなフィードバック調節が行われた。**このように，フィードバック調節に関する問題では，まずはチロキシンや糖質コルチコイドの血中濃度に注目するようにしよう**！

類題を解こう

フィードバック調節に関する問題

ある動物に過剰量の副腎皮質刺激ホルモンを投与すると，糖質コルチコイドの量および副腎皮質刺激ホルモン放出ホルモンの量はそれぞれ増加するか，減少するか。

解説

副腎皮質刺激ホルモンの量が増加➡**糖質コルチコイド**の量は**増加**する…(答)
➡(**負の**)**フィードバック**により，**副腎皮質刺激ホルモン放出ホルモン**の量は**減少**する…(答)

テーマ47 血糖量と糖尿病

板書

血糖量の調節（@肝臓）

❶ ➡血液中のグルコース濃度のこと

正常値　100 mg／100 m L＝0.1％

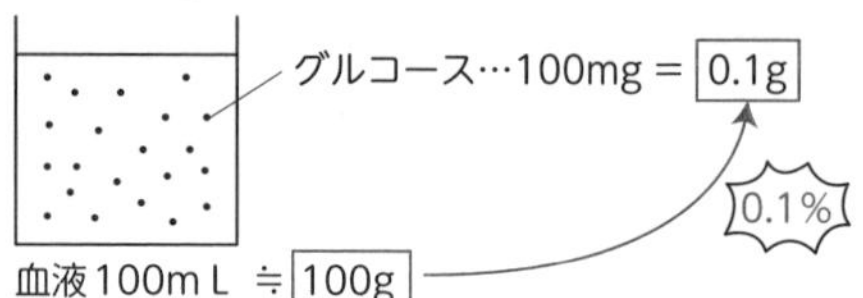

❷《血糖量の変遷のグラフ》

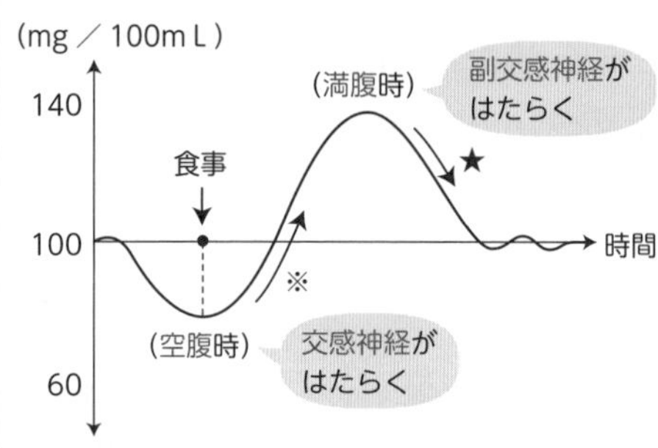

POINT 血糖量関係のホルモン

★（血糖量を下げる）
・インスリン
※（血糖量を上げる）
・グルカゴン
・アドレナリン
・糖質コルチコイド
・チロキシン
・成長ホルモン

❸《糖尿病》

テーマ54

・Ⅰ型糖尿病…インスリンの**分泌量**が減少
➡すい臓ランゲルハンス島を攻撃してしまう**抗体**がつくられてしまうなどの症状（**自己免疫疾患**）
・Ⅱ型糖尿病…インスリンの**感受性**が低下
➡**インスリンレセプター**が故障してしまうなどの症状（**生活習慣病**）

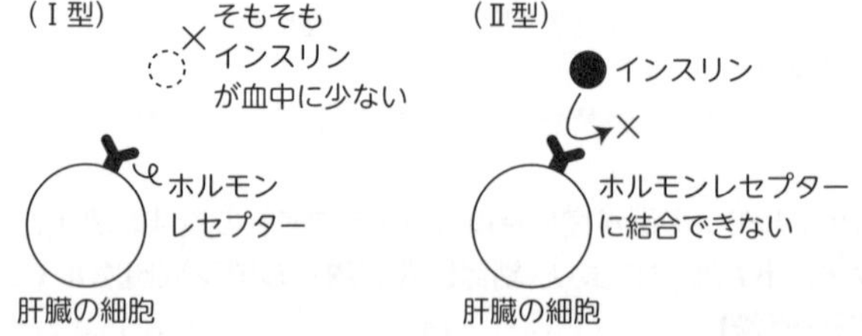

ポイントレクチャー

❶ テーマ30＆34でも学習したように，血糖量とは「**血液中のグルコース濃度**」のこと。その正常値は **100 mg ／100 m L** であるが，なぜ「100 mg ／100 m L ＝ **0.1%**」となるのか？その理由について説明するね。100 mg ／100 m L とは“**100 m L の血液中に 100 mg のグルコースが含まれている**”ということである。ここで，驚いたことに**血液の比重(g ／ m L)は「ほぼ 1」**であるため，血液 100 m L の質量はほぼ **100 g** となるのね。そして，グルコースの質量が 100 mg ＝ **0.1 g** であることから，血液 100 g 中におけるグルコース濃度は **0.1 g ／100 g × 100 ＝ 0.1%** となる。この換算方法をぜひ押さえておこうね。

❷ 僕たちは日々，血糖量が下がり空腹を感じるようになると食事をとり，その後血糖量が上がり満腹を感じるようになると食事を辞めることをくり返している。満腹時には**副交感神経**がはたらき**インスリン**が分泌されること，空腹時には**交感神経**がはたらき**グルカゴン，アドレナリン，糖質コルチコイド，チロキシン，成長ホルモン**が分泌されることを押さえておこう。この詳しい分泌過程はテーマ48で詳しく説明するね。

❸ 糖尿病は「**Ⅰ型**」と「**Ⅱ型**」に分けられるよ。Ⅰ型はすい臓ランゲルハンス島の故障などによりインスリンの**分泌量**が減少してしまう**自己免疫疾患**の一種で，Ⅱ型は**インスリンレセプター**の故障などによりインスリンの**感受性**が低下してしまう**生活習慣病**の一種なんだ。一般的に，Ⅰ型はインスリンを投与することで，Ⅱ型は食生活を管理することで治療していくよ。ちなみに，日本人の糖尿病患者の 9 割が**Ⅱ型**だよ。

あともう一歩踏み込んでみよう

低血糖症

- ◆「70mg ／ 100m L」以下…計算力の低下，全身の震え，冷や汗
- ◆「50mg ／ 100m L」以下…けいれん，意識喪失
- ◆「20mg ／ 100m L」以下…昏睡

➡こうした重篤な症状の対策として，ヒトは進化の過程で血糖量を上げるホルモンの数を 5 つまで増やしていったと考えられている

03 体内環境の維持

テーマ48 血糖量の調節

板書

血糖量の調節

❶《高血糖であるとき(➡血糖量を下げたい)》

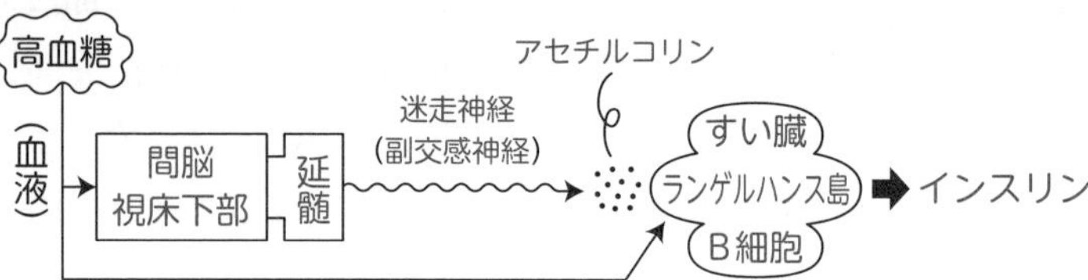

❷《低血糖であるとき(➡血糖量を上げたい)》

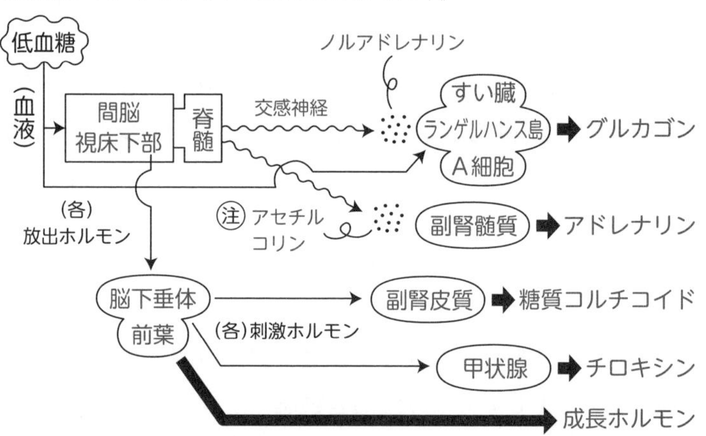

❸
POINT 各ホルモンの具体的な作用

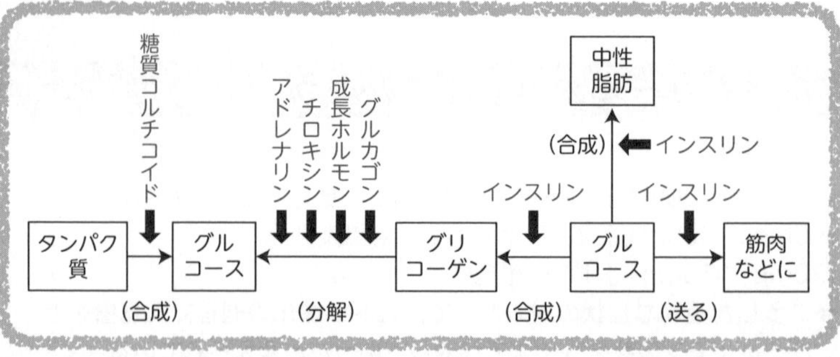

ポイントレクチャー

❶ **インスリンが分泌されるまでの過程を，テーマ 42 & 45 で勉強した内容と合わせてしっかりと押さえておこう**！まず，“高血糖”の情報が血液を通じて**間脳視床下部**へ到達すると，**延髄**を起点とした**迷走神経**が**すい臓ランゲルハンス島**に**アセチルコリン**を分泌することで**B細胞**から**インスリン**が分泌される。また，すい臓が高血糖の情報を血液を通じて直接感知することも確認しておこう。

❷ **5つのホルモンが分泌されるまでの過程を，テーマ 42 & 43 & 45 で勉強した内容と合わせてしっかりと押さえておこう**！まず，“低血糖”の情報が血液を通じて**間脳視床下部**へ到達すると，**脊髄**を起点とした**交感神経**が**すい臓ランゲルハンス島**に**ノルアドレナリン**を分泌することで**A細胞**から**グルカゴン**が分泌され，同じく交感神経が**副腎髄質**に**アセチルコリン**を分泌（テーマ 43）することで**アドレナリン**が分泌される。また，すい臓が低血糖の情報を血液を通じて直接感知することも確認しておこう。さらに，間脳視床下部から各放出ホルモンが**脳下垂体前葉**に分泌されると，各刺激ホルモン，および，**成長ホルモン**が分泌される。副腎皮質刺激ホルモンが**副腎皮質**に分泌されると**糖質コルチコイド**が，甲状腺刺激ホルモンが**甲状腺**に分泌されると**チロキシン**が分泌されるよ。

❸ **各ホルモンの具体的な作用も押さえておこう**！血糖量を下げるインスリンは“**血液からグルコースをなくさせる方向**”に，それ以外のホルモンは“**血液にグルコースを供給する方向**”にはたらいていることに注目しよう。血糖量を上げるホルモンのうち，**糖質コルチコイド**だけが，**タンパク質**からグルコースを合成することも確認しておこう。

イメージをつかもう

血糖量の調節

《高血糖時＝満腹時》

あー食ったー！

この人のからだの中では今，インスリンが分泌されているハズ

《低血糖時＝空腹時》

この人のからだの中では今，グルカゴン，アドレナリン，糖質コルチコイド，チロキシン，成長ホルモン，が分泌されているハズ

03 体内環境の維持

テーマ49 体温の調節

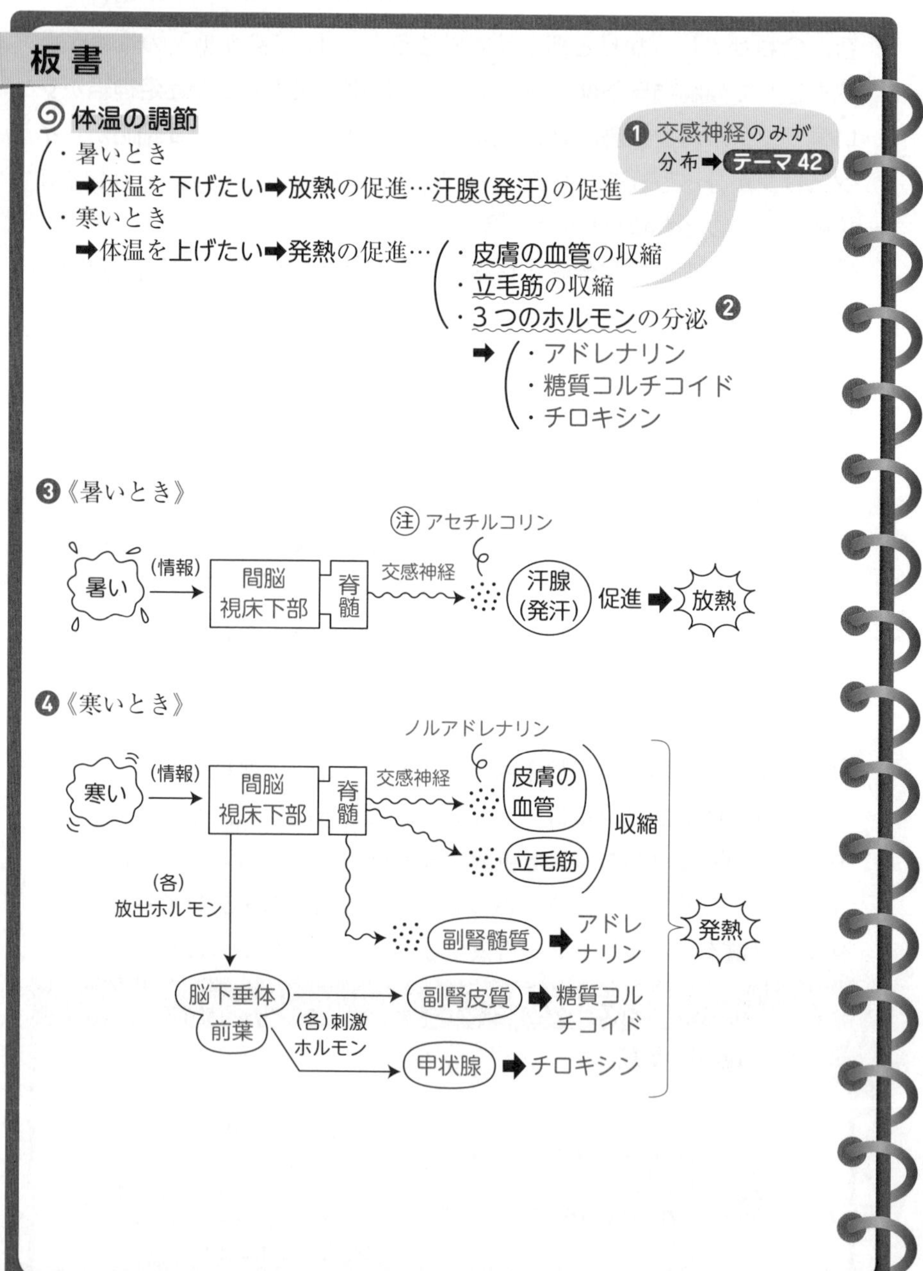
板書
体温の調節
・暑いとき
➡体温を下げたい➡放熱の促進…汗腺(発汗)の促進
・寒いとき
➡体温を上げたい➡発熱の促進…
・皮膚の血管の収縮
・立毛筋の収縮
・３つのホルモンの分泌 ❷
➡
・アドレナリン
・糖質コルチコイド
・チロキシン
❶ 交感神経のみが分布➡テーマ42
❸《暑いとき》
注 アセチルコリン
暑い
(情報)
間脳
視床下部
脊髄
交感神経
汗腺
(発汗)
促進
放熱
❹《寒いとき》
ノルアドレナリン
寒い
(情報)
間脳
視床下部
脊髄
交感神経
皮膚の
血管
立毛筋
収縮
(各)
放出ホルモン
副腎髄質
アドレナリン
発熱
脳下垂体
前葉
副腎皮質
糖質コルチコイド
(各)刺激
ホルモン
甲状腺
チロキシン

ポイントレクチャー

❶　体温の調節のしくみについて勉強しよう。テーマ42で学習したように，体温の調節に関わる立毛筋，汗腺，皮膚の血管には副交感神経が分布しておらず，**交感神経**のみが分布している。ある意味これは当然で，からだが暑いと感じたときは，体温を下げようと(放熱の促進をしようと)「**活動的**」にはたらくわけだし，からだが寒いと感じたときも，体温を上げようと(発熱の促進をしようと)同じく「**活動的**」にはたらくに決まっているよね。**このように体温の調節では，自律神経は交感神経のみがはたらくことに注目しよう**！

❷　発熱の促進の際には，3つのホルモンが分泌される。そのホルモンは「**アドレナリン**」「**糖質コルチコイド**」「**チロキシン**」である。**ここで押さえておいてほしいことは，これら3つのホルモンはすべて“血糖量”関係のホルモンであること**！つまり，テーマ48の内容をしっかりと押さえておけば，本テーマで新しく学習することが少なくなるということだね。このように，知識をつなげていくことで暗記量を減らし，勉強の負担を減らしていこう。

❸　汗腺(発汗)の促進までの流れをつかんでおこう。テーマ43で学習したように，汗腺とつながっている交感神経は**アセチルコリン**を分泌することに注意しようね。

❹　血糖量関係の3つのホルモンの分泌過程，および，皮膚の血管と立毛筋の収縮までの流れをつかんでおこうね。

覚えるツボを押そう

体温調節

◆体温調節と自律神経…**交感神経**のみ
➡暑くても寒くてもからだは“活動的”

◆体温調節とホルモン…**アドレナリン，糖質コルチコイド，チロキシン**
➡これらはすべて“血糖量”関係のホルモン

テーマ50 生体防御

板書

❶

生体防御

➡体内に侵入しようとする**異物**(＝**非自己**)を排除するシステム(※)，あるいは，体内に侵入した異物や体内で発生した**がん細胞**などを排除するシステム(★)

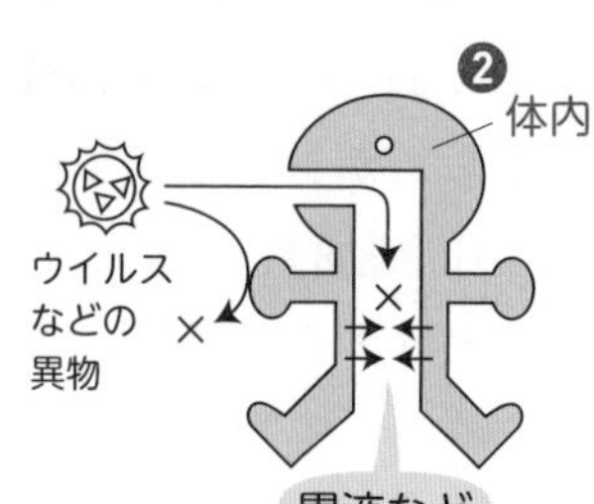

ウイルスが侵入できない

※《物理的・化学的な生体防御》

❸
・皮膚 ➡表面には，死細胞からなる**角質層**(成分：**ケラチン**)が形成されている。また，**弱酸性**である。

異物が繁殖できない

・気管 ➡**粘膜**や**繊毛**をもつことで，異物が体内に入らないようにする。

・涙，鼻水，だ液，汗 ➡このような粘液には，細菌の**細胞壁**を分解する酵素である**リゾチーム**が含まれている。

フレミング(イギリス)が発見

・せき，くしゃみ
・血液凝固(テーマ31)
・胃液に含まれる**塩酸**
・消化管の細胞などから放出される**ディフェンシン**
➡菌類や細菌類などの細胞膜に穴を開けるタンパク質

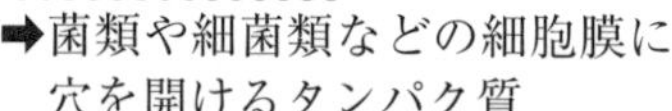

これらはすべて，体内に異物が入らないための作用

(これらの作用をすり抜けて異物が体内に入ると…)

★《免疫》

❹
・**自然免疫** … 生まれながらにもっている免疫 ➡テーマ51
・**適応免疫** … 生後に獲得する免疫 ➡テーマ52〜56
(**獲得免疫**)

ポイントレクチャー

❶ 本テーマではまず,「生体防御」の定義をきちんと押さえよう。生体防御は,“体内に侵入しようとする異物を排除するシステム”である「**物理的・化学的な生体防御**」と“体内に侵入した異物や体内で発生したがん細胞などを排除するシステム”である「**免役**」の両方の意味を含んだ言葉である。つまり,“異物が体内に**入らないように防御する**システム”である「物理的・化学的な生体防御」をすり抜けて異物が体内に入ると,“異物が体内に**侵入したあとに排除する**システム”である「免役」が発動する,ということ。僕たちのからだは,何段階もの生体防御によって守られているんだね。

❷ **体内とは僕たちのからだのどこの部分のことを指すのか**?それは,テーマ29でも学習した「**体液**」が存在する部分だよ。あくまで,口の中や胃などの消化管の中は「体外」という扱いになることに注意しようね。

❸ 物理的・化学的な生体防御はこのようにさまざまな例があげられるが,その中でも特に,涙や鼻水,だ液や汗のような粘液に含まれる「**リゾチーム**」,胃液に含まれる「**塩酸**」,消化管の細胞などから放出される「**ディフェンシン**」の3つの物質に注目しよう。リゾチームの発見者であるフレミングは,抗生物質である「ペニシリン」を最初に発見した研究者でもあるのね。この研究が2015年ノーベル生理学・医学賞を授賞した大村智が開発した抗生物質「イベルメクチン」の研究につながったよ。

❹ 免疫は「**自然免疫**」と「**適応免疫(獲得免疫)**」に分けられるよ。自然免疫は“生まれながらにもっている免疫”のことで,このことはテーマ51にて詳しく説明するよ。また,適応免疫は“生後に獲得する免疫”のことで,このことはテーマ52~56にて詳しく説明していくね。

覚えるツボを押そう

免疫は生体防御の一種

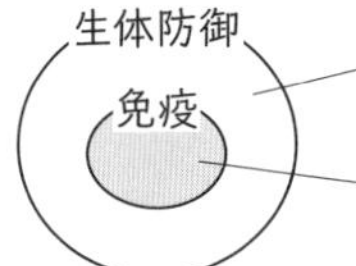

物理的・化学的な生体防御
➡体内に異物が**侵入するまで**の排除システム

免疫
➡体内に異物が**侵入してから**の排除システム

テーマ51 自然免疫と白血球

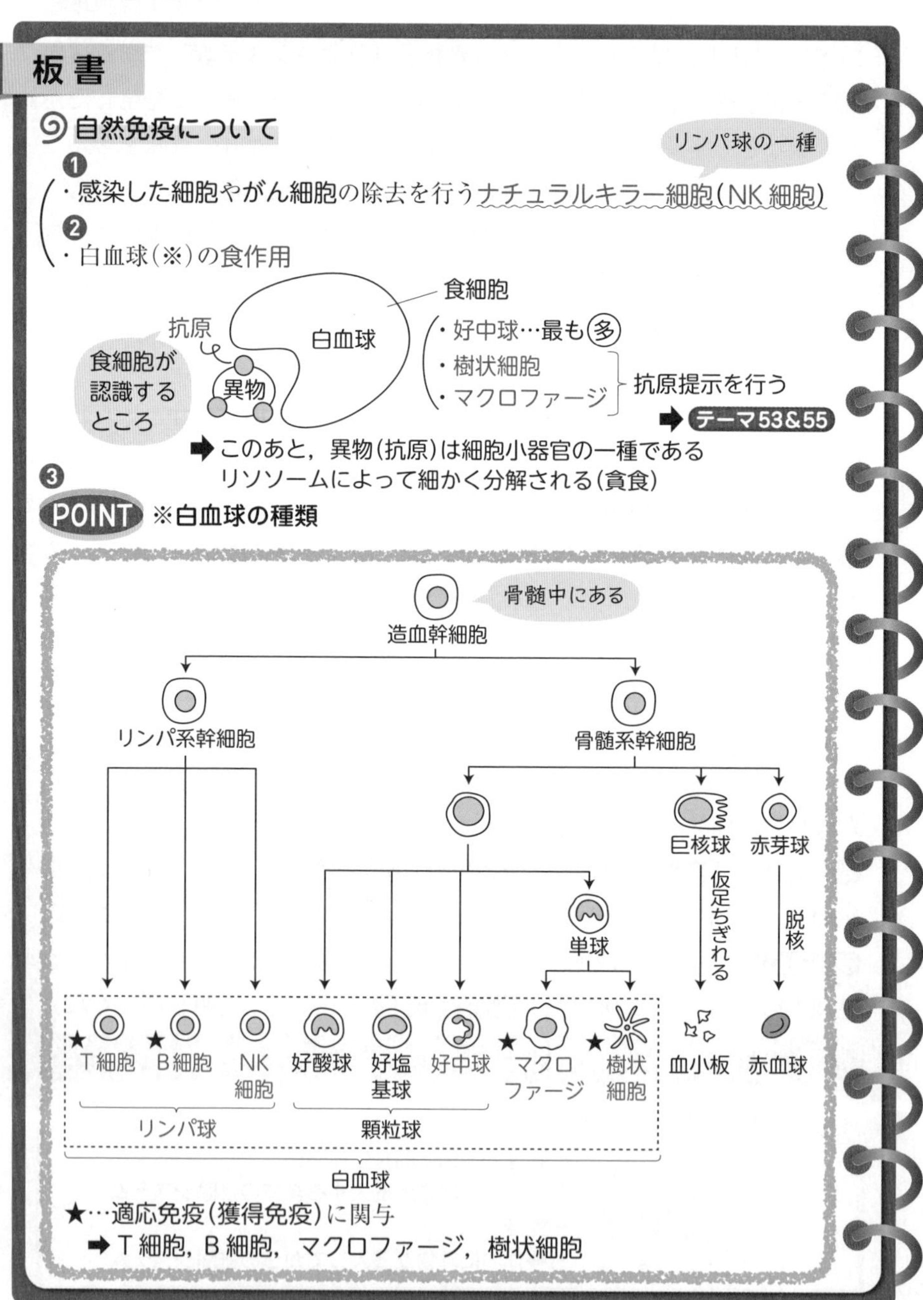

ポイントレクチャー

❶　自然免疫について，例をあげながら説明していくね。まずは**NK細胞（ナチュラルキラー細胞）**について押さえていこう。NK細胞は，感染した細胞やがん細胞の除去を行うよ。リンパ球（テーマ29）の一種で，テーマ52で勉強するT細胞やB細胞の仲間だよ。

❷　「**食作用**」を行う白血球を**食細胞**というよ。食細胞の代表例として，白血球の中で最も多い「**好中球**」，適応免疫（獲得免疫）で抗原提示を行う「**樹状細胞**」「**マクロファージ**」があげられるよ。これら食細胞は，異物の表面などに付着している**抗原**（タンパク質や脂質など，食細胞やリンパ球が認識するところ）を認識し，食作用により異物を取り込み，無毒化してくれるんだ。特に，樹状細胞やマクロファージはヘルパーT細胞（テーマ53 & 55）に抗原の一部を提示するために，自身のリソソーム（細胞小器官の一種）で異物（抗原）を細かく分解するよ。ちなみに，この「食作用→分解」までの流れを貪食というんだ。

❸　すべての血球は骨の中の骨髄に存在している**造血幹細胞**とよばれる細胞が分化することによってつくられるよ。その中でも白血球は，赤血球や血小板と違って，多種類の分化を遂げるんだ。白血球は，リンパ球である「**T細胞**」「**B細胞**」「**NK細胞**」，顆粒球である「好酸球」「好塩基球」「**好中球**」，単球由来の抗原提示細胞である「**マクロファージ**」「**樹状細胞**」に分けられるよ。この中でも，適応免疫に関与する★の白血球のはたらきについてはテーマ52以降でチェックしていこう。「免疫」単元もテーマ44 & 45の「ホルモン」単元同様，多くの生物用語を押さえていかなければならないが，**各テーマの現象をつかみながら知識を定着させていこう**！

あともう一歩踏み込んでみよう

白血球の6割は“好中球”

受験生物では，T細胞やB細胞，樹状細胞やマクロファージが活躍する「**適応免疫**」（テーマ52～56）の内容が頻出であるが，最も多い白血球は「自然免疫」を担当する**好中球**。好中球は白血球の6割を占める。リンパ球は好中球の約半分，マクロファージや樹状細胞は好中球の$\frac{1}{12}$しか存在しない。つまり，食細胞の9割以上を好中球が占めていることになる。

03 体内環境の維持

テーマ52 適応免疫（獲得免疫）の分類

板書

適応免疫（獲得免疫）について

❶《リンパ球（T 細胞，B 細胞）について》

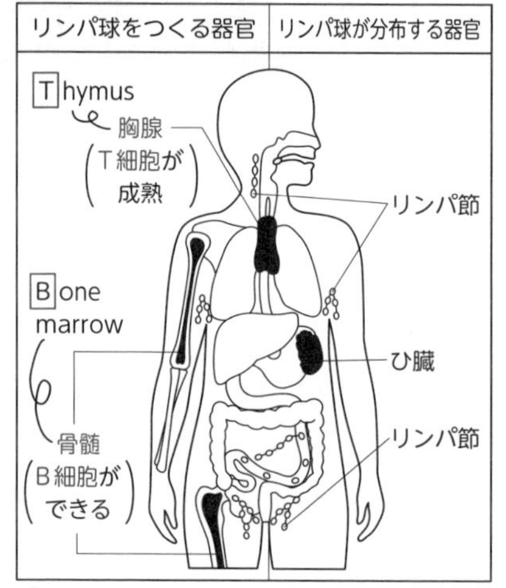

㊟ 一部のリンパ球はひ臓やリンパ節でもつくられる

❷ POINT

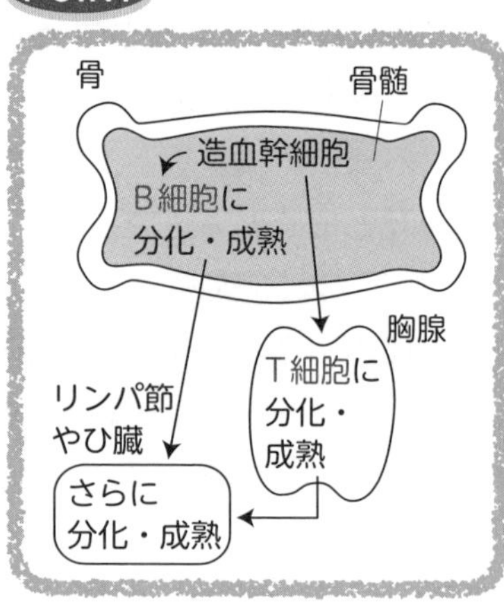

❸《異物によって異なる２大作用》

・体液性免疫…抗体による免疫（テーマ53）
➡細菌（結核菌以外），ウイルス，毒素，アレルゲン（アレルギーの原因物質）

例 花粉症における花粉➡テーマ54

・細胞性免疫…抗体によらない免疫（テーマ55）
➡移植片，がん細胞，感染細胞，ツベルクリン（ツベルクリン反応の原因物質）

弱毒化した結核菌

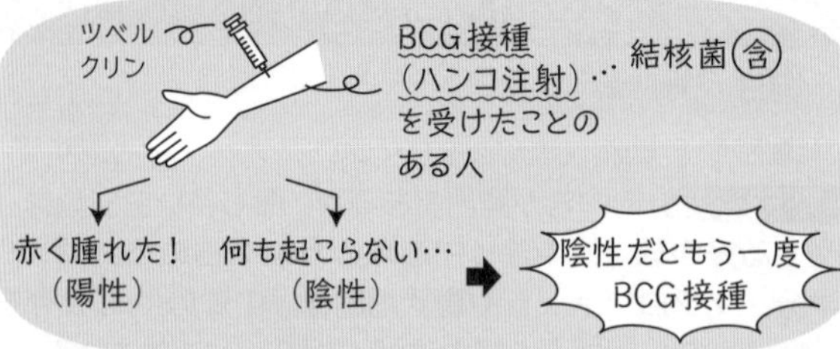

ポイントレクチャー

❶ 本テーマではリンパ球に注目していこう。まず，T 細胞と B 細胞ができる（成熟する）器官として「**胸腺**（Thymus ➡ **T 細胞**をつくる）」「**骨髄**（Bone marrow ➡ **B 細胞**をつくる）」を押さえておこう。また，多くのリンパ球が分布する器官として「リンパ節」「ひ臓」の存在も確認しておこう。

❷ すべての血球の大元の細胞は骨髄にある**造血幹細胞**である。テーマ 51の板書の図に書いてあるように，造血幹細胞はいったんリンパ系幹細胞へと分化する。リンパ系幹細胞が胸腺に移動すると T 細胞へと分化・成熟し，そのまま骨髄に残ると B 細胞へと分化・成熟するのね。そして，T 細胞や B 細胞は，リンパ節やひ臓に移動したあと，さらに分化・成熟をくり返し，体内に侵入してくる異物に備えてそのままリンパ節やひ臓で待機したり，血液やリンパ液の循環（テーマ 29 & 33）によってからだ中をパトロールしたりするんだよ。

❸ 適応免疫は「**体液性免疫**」「**細胞性免疫**」に分けられるよ。体液性免疫は**抗体を使って**異物を撃退する免疫（テーマ 53），細胞性免疫は抗体を使わず**リンパ球のみ**で異物を撃退する免疫（テーマ 55）のこと。両者の違いは“異物の種類”によっても大別されるよ。体液性免疫は「**結核菌以外の細菌**」「**ウイルス**」「**毒素**」「**アレルゲン**（花粉など）」など，比較的“**小さい**”，または，“**弱毒**の”異物に対する免疫で，細胞性免疫は「**移植片**」「**がん細胞**」「**感染細胞**」「**ツベルクリン（結核菌）**」など，比較的“**大きい**”，または，“**強毒**の”異物に対する免疫，という風にとらえておけば覚えやすいよ。テーマ 53以降では，**体液性免疫・細胞性免疫のしくみを各白血球の相互作用とともに押さえていこう**！

覚えるツボを押そう

異物によって異なる 2 大作用

◆体液性免疫…**細菌（結核菌以外），ウイルス，毒素，アレルゲン**
➡**小さい**異物，または，**弱毒**の異物に対する免疫のイメージ
◆細胞性免疫…**移植片，がん細胞，感染細胞，ツベルクリン（結核菌）**
➡**大きい**異物，または，**強毒**の異物に対する免疫のイメージ

テーマ53 体液性免疫

板書

体液性免疫のシステム

❶

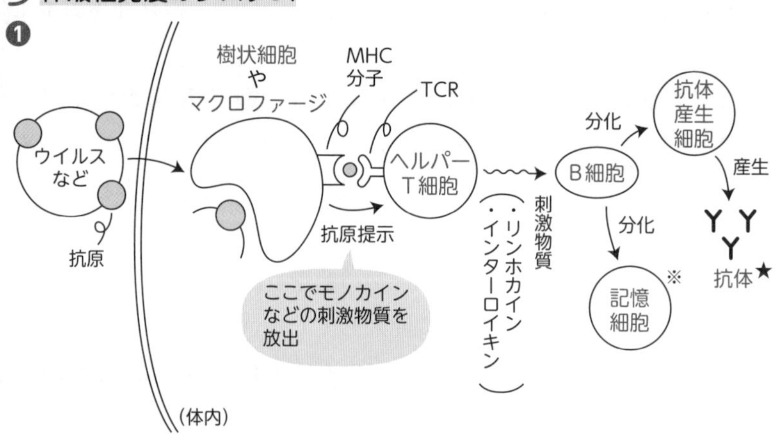

★抗体　…免疫グロブリンというタンパク質からなる。抗原と特異的に反応(抗原抗体反応)することで異物を無毒化する。

➡テーマ54

※記憶細胞…同じ抗原が２回目以降に侵入したとき，急速かつ多量に抗体を産生する。

実験　二次応答

❷

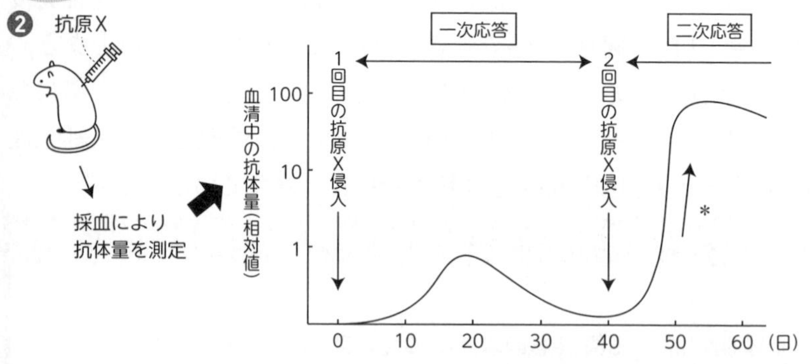

＊…記憶細胞のはたらきにより，抗体が急速かつ多量に産生される。ワクチン療法(予防接種)はこの性質を利用したものである。➡テーマ56

ポイントレクチャー

❶ まず，ウイルスなどの異物が体内に入ると，食細胞であり，抗原提示細胞でもある**樹状細胞**や**マクロファージ**が異物を取り込み，自身の**MHC**(主要組織適合遺伝子複合体)**分子**を用いて**ヘルパーT細胞**へと抗原提示を行う(このとき**モノカイン**という刺激物質を放出)。そして，自身のTCR(T細胞レセプター)を用いて抗原を認識したヘルパーT細胞は「**体液性免疫でこの異物を撃退するぞ**！」と**B細胞**に司令を出し(このとき**リンホカイン**や**インターロイキン**という刺激物質を放出)，その司令に応じてB細胞が**抗体産生細胞(形質細胞)**や**記憶細胞**へと分化する。その後，抗体産生細胞は**免疫グロブリン**というタンパク質からなる**抗体**を産生・放出し，この抗体が抗原と特異的に**抗原抗体反応**(テーマ54)を起こすことで，異物が無毒化される。これを覚えるのはなかなか大変だけど，**体液性免疫の流れを各白血球の相互作用とともに完璧に覚えていこう**！

❷ マウスに同じ抗原を2回注射したとき，マウスの血清(テーマ31)中の抗体量はこのグラフのように変化していくよ。**2回目の抗原の侵入によって，抗体が急速かつ多量に産生されているのが，記憶細胞のはたらきのおかげであることを押さえておこうね**！抗体産生細胞ではなく，記憶細胞が“抗体を産生する”というのは少し違和感があるかもしれないが，抗体産生細胞も記憶細胞も“元々は同じB細胞”であったと考えると，記憶細胞が抗体を産生するのも納得がいくね。

イメージをつかもう

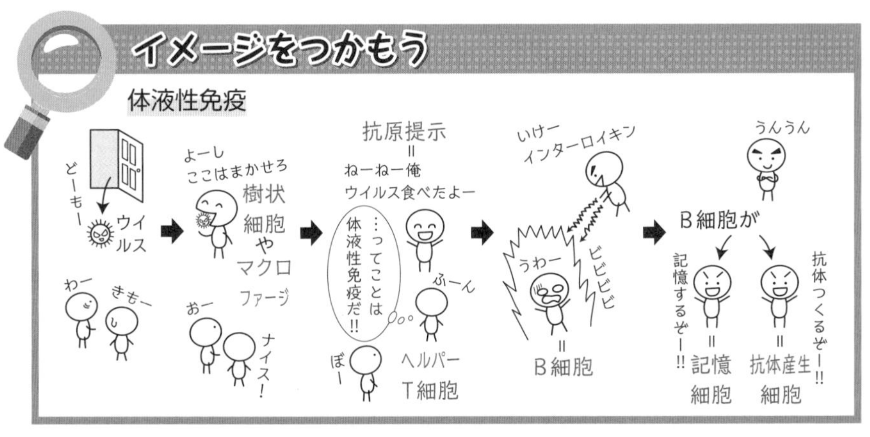

テーマ54 抗原抗体反応，アレルギー

板書

抗体の構造

➡免疫グロブリン(Ig)からなる。

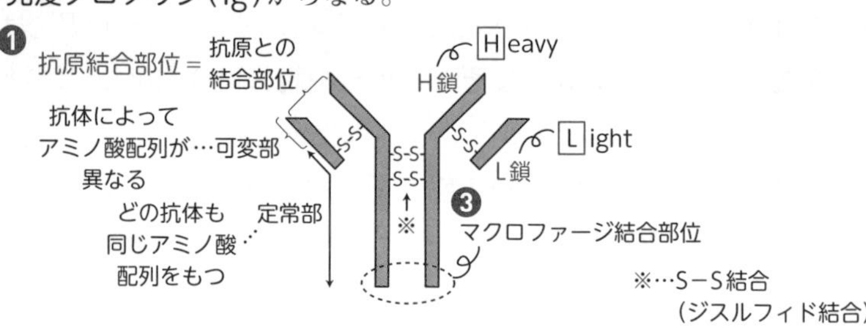

❷《抗原抗体反応》

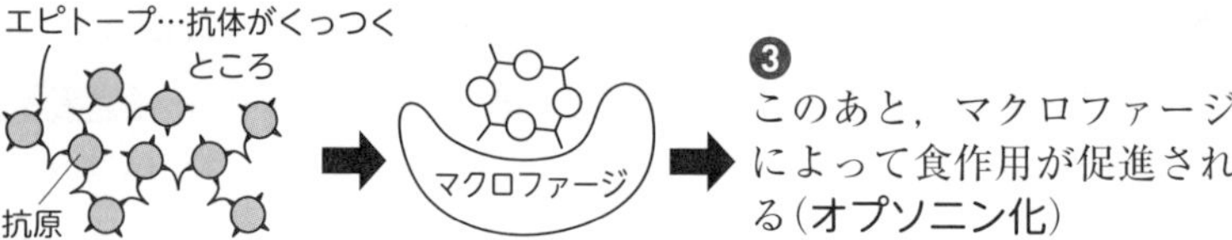

❸ このあと，マクロファージによって食作用が促進される(**オプソニン化**)

アレルギー

➡人体に害のない異物に対して過剰な免疫反応を起こすこと

・即時型アレルギー…**体液性免疫**による

例　花粉症

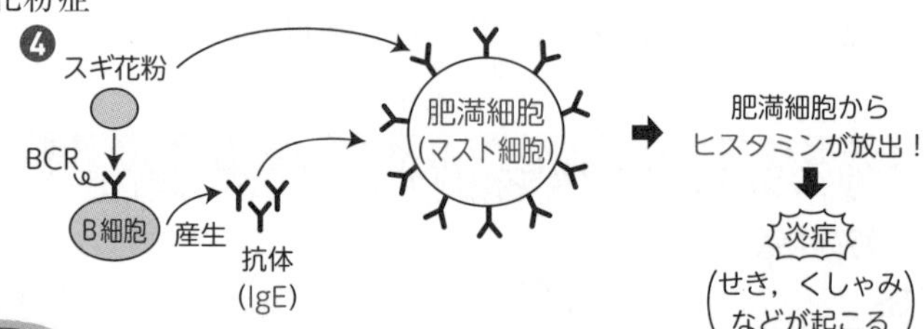

POINT アナフィラキシー

> アレルゲン(テーマ52)が２回目以降に侵入したときに起こる激しいアレルギー　例　ハチ毒，ぜん息

・遅延型アレルギー…**細胞性免疫**による

例　ツベルクリン反応➡テーマ52

ポイントレクチャー

❶ 本テーマでは，まず，抗体産生細胞が産生する抗体の構造について勉強していこうね。抗体は**免疫グロブリン**というタンパク質からなり，**H 鎖**(Heavy ➡分子量が**大きい**鎖)2 本と **L 鎖**(Light ➡分子量が**小さい**鎖)2 本の合計 4 本の鎖からなる。抗体の先端は抗原と結合する**抗原結合部位**があり，この部分は“抗体によってアミノ酸配列が異なる”ことから「**可変部**」とよばれるよ。また，可変部以外の領域は“どの抗体でも同じアミノ酸配列をもつ”ことから「**定常部**」とよばれるのね。**抗体の構造を上記の単語とともに覚えておこう**！

❷ 抗体は抗原の**エピトープ**を認識して，それと自身の抗原結合部位が結合することで**抗原抗体反応**を引き起こすよ。この図のように，複数の抗原に対して複数の抗体が結合することで，抗原が抗体を介して**架橋**され，抗原抗体複合体が形成されるのね。また，「抗体の量：抗原の量＝1：1」であるとき，多くの抗原が効率よく結合・架橋されることを押さえておこう。

❸ ❷で形成された抗原抗体複合体は，抗体の**マクロファージ結合部位**を認識したマクロファージ(または好中球)によって，この図のように食作用によって取り込まれ，分解されるよ。この食作用によって，他のマクロファージや好中球の食作用がより促進され，免疫が増強されることを**オプソニン化**というよ。

❹ 花粉症において，スギ花粉を受容した BCR(B 細胞レセプター)から生じた抗体が「**IgE**」とよばれること，その IgE が**肥満細胞(マスト細胞)**に結合し，その状態で再びスギ花粉が受容されることで**ヒスタミン**が放出され炎症が起きることを，この図から押さえておこうね。

あともう一歩踏み込んでみよう

抗ヒスタミン薬

花粉症の症状(目のかゆみ，涙，鼻水など)は，**ヒスタミン**が血管を構成する細胞の細胞膜に存在するレセプターに結合することで起こる。**抗ヒスタミン薬**(内服薬，点眼薬，点鼻薬など)はヒスタミンがそのレセプターに結合することを阻害することでアレルギーを抑える作用をもつ。

テーマ55 細胞性免疫

板書

細胞性免疫のシステム

❶
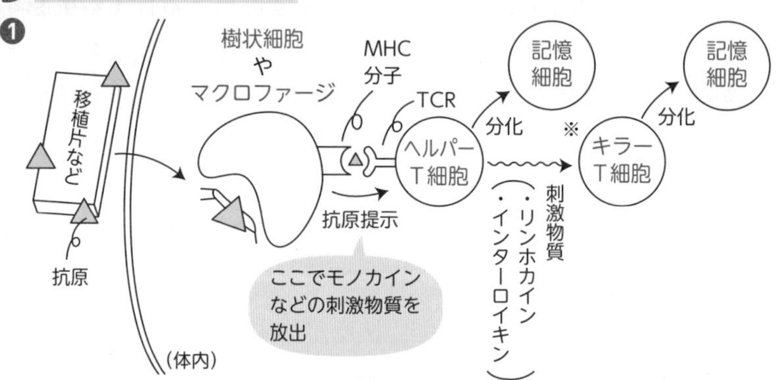

※キラーT細胞…直接，移植片などの異物と反応し，拒絶する。

実験　拒絶反応

❷
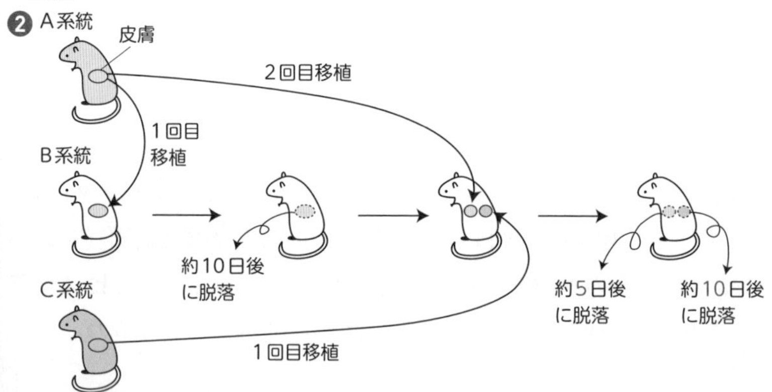

B系統マウスはA系統マウスに対する記憶細胞を形成したが，その記憶細胞はA系統マウスの移植片のみに作用し，C系統マウスの移植片には作用しない

↓

免疫記憶は特異的

ポイントレクチャー

❶ まず，移植片などの異物が体内に入ると，食細胞であり，抗原提示細胞でもある**樹状細胞**や**マクロファージ**が異物を取り込み，自身の**MHC**(主要組織適合遺伝子複合体)**分子**を用いて**ヘルパーT細胞**へと抗原提示を行う(このとき**モノカイン**という刺激物質を放出)。そして，自身の**TCR**(T細胞レセプター)を用いて抗原を認識したヘルパーT細胞は「**細胞性免疫でこの異物を撃退するぞ！**」と**キラーT細胞**に司令を出し(このとき**リンホカイン**や**インターロイキン**という刺激物質を放出)，その司令に応じてキラーT細胞が直接，異物と反応し拒絶する。その後，その異物の2回目以降の侵入に備え，ヘルパーT細胞とキラーT細胞はそれぞれ**記憶細胞**へと分化する。テーマ53の体液性免疫同様，これを覚えるのはなかなか大変だけど，**“ヘルパーT細胞の司令までの流れは体液性免疫の流れとほぼ同じ”なので，これを元にして細胞性免疫の流れを各白血球の相互作用とともに完璧に覚えていこう**！

❷ マウスに異なる系統の皮膚片を移植したとき，この図のような**拒絶反応**が起こるよ。この実験から，A系統マウスの皮膚の移植を一度経験したB系統マウスの体内でつくられた記憶細胞が，**A系統マウスの移植片には作用するが，C系統マウスの移植片には作用しない**ことがわかるね。つまり，**ヘルパーT細胞やキラーT細胞の免疫記憶は特異的である**ということだ。

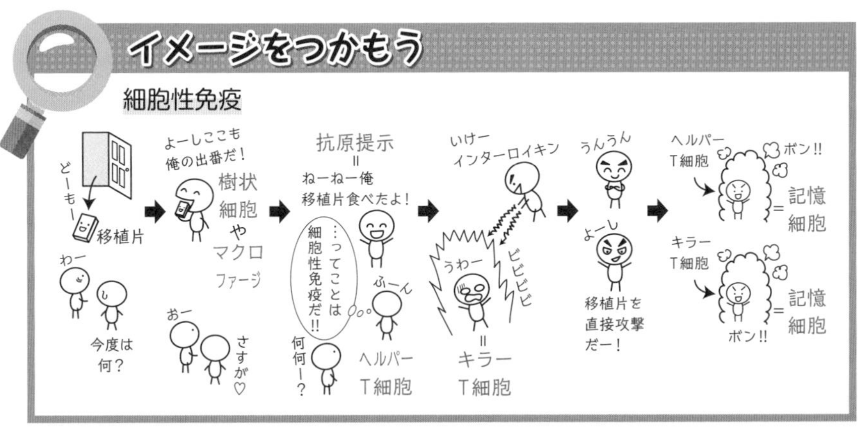

テーマ56 ワクチン療法，血清療法，エイズ

板書

免疫の応用

❶

・ワクチン療法（予防接種）…ワクチン（病原体を弱毒化，または無毒化したもの）※を接種し，記憶細胞をつくらせる。予防的かつ持続的に作用する。

ワクチンの開発者

例
- ・天然痘（種痘，牛痘）…ジェンナー（イギリス）
- ・鶏コレラ，狂犬病　…パスツール（フランス）
- ・結核（BCG 接種）　…コッホ（ドイツ）

（※）ワクチンの種類

- ・不活化ワクチン（100％死菌）
  ➡インフルエンザ，ジフテリア，破傷風，コレラ，百日咳，ポリオ
- ・トキソイド（無毒化した毒素）
  ➡ジフテリア，破傷風

❷

・血清療法　…他の動物にワクチンを数回に分けて接種し，抗体をつくらせ保存する。治療的かつ短期的に作用する。

例　ヘビ毒，クラゲ毒，ジフテリア，破傷風

北里柴三郎とベーリング（ドイツ）

❸

AIDS（後天性免疫不全症候群）

＝適応免疫

エイズウイルス（HIV）…レトロウイルスの一種

➡
- ・RNA とタンパク質からなる
- ・逆転写酵素をもつ

RNA から DNA をつくる酵素

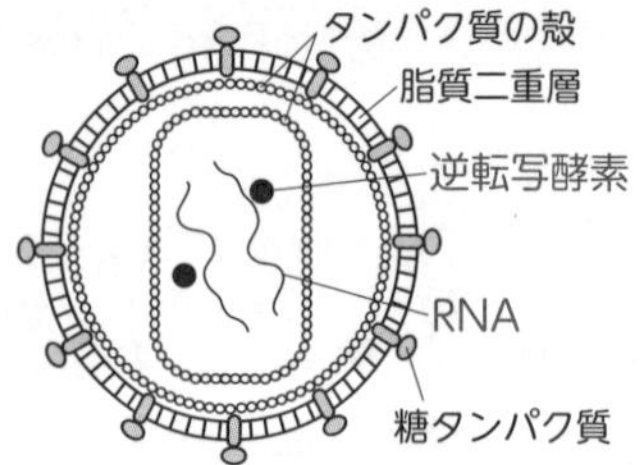

HIV は主にヘルパー T 細胞の核内にプロウィルスの状態で潜伏後，感染し，死滅させる。➡その後，日和見感染（弱い病原体でも感染症を起こしてしまう）へとつながる。

ポイントレクチャー

❶ 病原体を**弱毒化**，または**無毒化**させたものを**ワクチン**というよ。ワクチンを接種することで，体内に**記憶細胞**をつくらせ，特定の病原体に対して，からだを常に二次応答(テーマ53)の状態にしておくための医療法が**ワクチン療法(予防接種)**だよ。**ワクチン療法により予防できる病名と各ワクチンの開発者を押さえておこう**！

❷ 他の動物にワクチンを数回に分けて接種し，**抗体**をつくらせ保存しておき，いざ，その抗体が必要となった患者に抗体を注射する医療法が**血清療法**だよ。テーマ31 & 53で学習したように，血清は**絶対に凝固せず，抗体を含む液体**であるため，このように利用されるんだ。血清療法は，**破傷風**菌の毒素に注目した**北里柴三郎**と**ベーリング**によって開発されたことを押さえておこう。**また，ワクチン療法は患者に対して「予防的」かつ「持続的」に作用するのに対して，血清療法は「治療的」かつ「短期的」に作用することを知っておこうね**！

❸ **AIDS(後天性免疫不全症候群)**は，**HIV**(ヒト免疫不全ウイルス)により引き起こされる病気である。HIVは**RNA**と**逆転写酵素**をもつレトロウイルスの一種で，自身のRNAを逆転写酵素によりDNAにつくり変え，それをヒト体内のヘルパーT細胞の核内のDNAに組み込むことで**ヘルパーT細胞**を破壊し，死滅させる。テーマ53 & 55で勉強したように，**ヘルパーT細胞は適応免疫全体の司令塔のようなはたらきをもつ**ので，多くのヘルパーT細胞がHIVによって死滅したエイズ患者は，健常なヒトなら感染症を引き起こさないような弱い病原体でも感染症を引き起こしてしまう(**日和見感染**)状態となるのね。ちなみに，日和見感染には厚生労働省が定めた23の感染症があり，例えば，カンジダ症やカポジ肉腫などがあげられるよ。

あともう一歩踏み込んでみよう

この病原体は細菌？ウイルス？

◆細菌　➡(鶏)コレラ菌，結核菌，ジフテリア菌，破傷風菌，百日咳菌
◆ウイルス➡天然痘(種痘，牛痘)ウイルス，狂犬病ウイルス，
インフルエンザウイルス，ポリオウイルス，HIV(エイズウイルス)

テーマ57 バイオーム

板書

植生の構成について

植物以外も入る

❶ ➡同一環境に生息する植物の集団
（バイオーム…同一環境に生息する「生物」の集団）

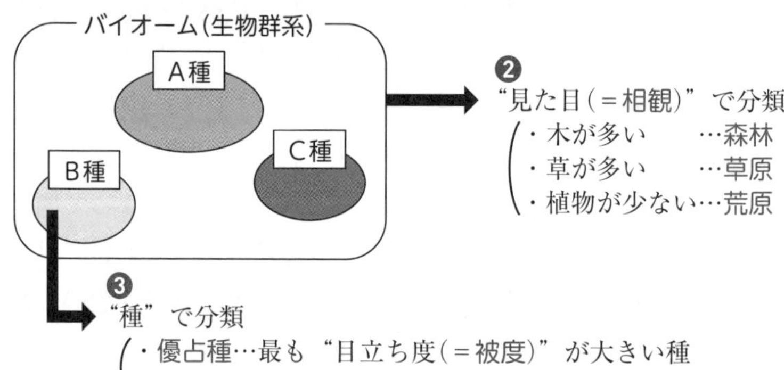

❷
"見た目（＝相観）" で分類
・木が多い　　…森林
・草が多い　　…草原
・植物が少ない…荒原

❸
"種" で分類
・優占種…最も "目立ち度（＝被度）" が大きい種
・標徴種…ある特定のバイオームに集まって出現する種

植生の構成に関する問題

ある植生（雑草群落）において一定の大きさの枠を設定し，調査を行った。その結果を以下に示す。なお，数値は被度を示す。

雑　　草	枠 1	2	3	4	5	6	7	8
ヤブタビラコ	2	2	1	1	1	2	0	2
ミミナグサ	1	1	0	0	1	0	1	0
スカシタゴボウ	1	0	2	1	1	0	0	1

問1　スカシタゴボウの出現頻度と平均被度はいくつか。
問2　優占種はどれか。

解説

問1　❹
・出現頻度…全枠に対するその植物の出現する枠の割合
➡$\frac{5}{8}$または 0.625…(答)
・平均被度…1つの枠における被度の平均
➡$\frac{(1+0+2+1+1+0+0+1)}{8}=\frac{6}{8}$
$=\frac{3}{4}$または 0.75…(答)

問2　3種の植物のうち，被度の合計が最も大きい種を選ぶ。
ヤブタビラコ…(答)

ポイントレクチャー

❶ **植生**は同一環境に生息する“植物”の集団のこと。**バイオーム(生物群系)**は同一環境に生息する“生物”の集団のこと。この両者の違いを明確にしておこうね。

❷ バイオームは“見た目(＝**相観**)”で分類されるよ。“木が多い”という相観のバイオームを「**森林**」,“草が多い”という相観のバイオームを「**草原**」,“植物が少ない”という相観のバイオームを「**荒原**」というのね。例えば「森林」というと“植物しかいないから植生のはずだ”と考えてしまう読者もいるかもしれないが，森林の中には植物以外の生物(動物や菌類・細菌類などの分解者⬅テーマ67)もいるので，**森林は植生ではなく「バイオーム」としよう**！

❸ バイオームは“種”でも分類されるよ。最も“目立ち度(＝**被度**)”が大きい「**優占種**」，ある特定のバイオームに集まって出現する「**標徴種**」。これらの用語を押さえておこう。

❹ スカシタゴボウは“8つの枠のうち5つの枠に出現している”ため，出現頻度は$\frac{5}{8}$。また，平均被度は“(8つの枠の被度の合計)÷(全8枠)”で求められるよ。

類題を解こう

植生の構成に関する問題

ある植生(雑草群落)において一定の大きさの枠を設定し，調査を行った。その結果を以下に示す。なお，数値は被度を示す。

雑　草	枠 1	2	3	4	5	6	7	8
オオバコ	2	3	2	2	1	2	1	3
オヒシバ	3	2	4	3	3	4	3	3
ミチヤナギ	2	1	0	0	1	1	2	1

問1　オオバコの出現頻度と平均被度はいくつか。

問2　優占種はどれか。

解説

問1
出現頻度…全枠に出現➡ **1.0…(答)**
平均被度…$\frac{(2+3+2+2+1+2+1+3)}{8}=\frac{16}{8}=$ **2.0…(答)**

問2　**オヒシバ…(答)**

テーマ58 バイオームの分類

板書

バイオームの分類

➡その地域がどのようなバイオームになるかは，年降水量と年平均気温で決まる。

❶

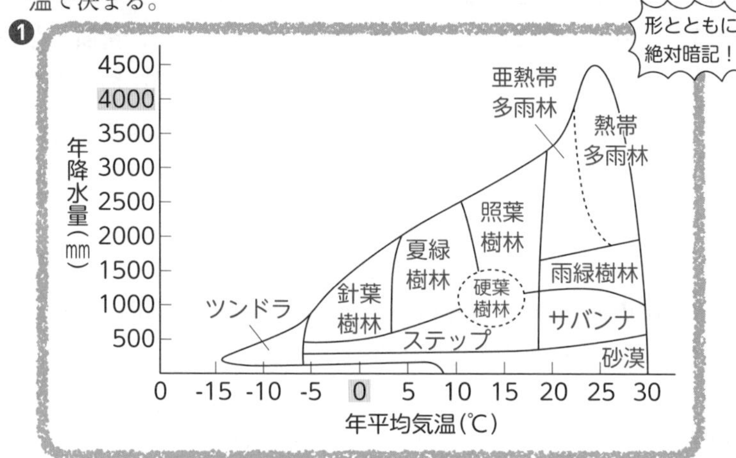

❷

・森林➡
- ・広葉樹林
  - ・常緑樹林…1年中，葉をつける樹木
    ➡熱帯多雨林，亜熱帯多雨林，照葉樹林，硬葉樹林
  - ・落葉樹林…一定の季節に一斉に葉を落とす樹木
    ➡夏緑樹林，雨緑樹林
    （冬季に落葉）（乾季に落葉）
- ・針葉樹林

❸

・草原➡
- ・サバンナ(熱帯草原)
- ・ステップ(温帯草原)

❹

・荒原➡
- ・砂漠(乾荒原)
- ・ツンドラ(寒荒原)

ポイントレクチャー

❶ バイオームである「森林」「草原」「荒原」をさらに細かく分類しよう。バイオームは「**年降水量**」と「**年平均気温**」の2つの環境要因で決まるのね。そのようすを表したのがこの図である。**この図に関しては，形とともに完全暗記しよう**！11のバイオームの名称と位置関係はもちろんのこと，縦軸(年降水量)の **4000 mm** の位置と横軸(年平均気温)の **0℃**の位置も押さえておこう。

❷ 森林は大きく「**広葉樹林**」と「**針葉樹林**」に分けられるよ。広葉樹林はさらに，1年中葉をつける「**常緑樹林**」と一定の季節に一斉に葉を落とす「**落葉樹林**」に分けられ，常緑樹林に属するバイオームは「**熱帯多雨林**」「**亜熱帯多雨林**」「**照葉樹林**」「**硬葉樹林**」の4つであり，落葉樹林に属するバイオームは「**夏緑樹林**」「**雨緑樹林**」の2つである。**この分類の暗記のコツは，まず“落葉樹林”に注目すること**！落葉樹林である夏緑樹林と雨緑樹林には「緑」という語があるよね？これにより，これらのバイオームでは，一定の季節に「緑」の状態が見られる，ということがわかり，逆をいえば，「緑」という語がある森林は一定の季節に葉を落とす落葉樹林に決まっている，ということなのね。したがって，“夏緑樹林➡夏季に「緑」➡**冬季**に落葉”，“雨緑樹林➡雨季に「緑」➡**乾季**に落葉”と考えることができるね。そして，夏緑樹林と雨緑樹林以外の森林は常緑樹林であることを押さえておこう。

❸ 草原は年平均気温の違いで「**サバンナ(熱帯草原)**」「**ステップ(温帯草原)**」に分けられるよ。一般的に，森林が形成される環境よりも年降水量が小さくなる環境になると草原が形成されるよ。

❹ 荒原は年平均気温の違いで「**砂漠(乾荒原)**」「**ツンドラ(寒荒原)**」に分けられるよ。一般的に，草原が形成される環境よりも年降水量が小さくなる環境になると砂漠が形成され，森林・草原・砂漠が形成される環境よりも年平均気温が低くなる環境になるとツンドラが形成されるよ。

覚えるツボを押そう

常緑樹林と落葉樹林

◆常緑樹林…**熱帯多雨林，亜熱帯多雨林，照葉樹林，硬葉樹林**
◆落葉樹林…**夏緑樹林，雨緑樹林**
➡「緑」と書いてある場合「落葉樹林」

テーマ59 バイオームの特徴と植物例

板書

バイオームの特徴と植物例

バイオーム名	❶特徴	❷植物例
熱帯多雨林	樹種が非常に多い ➡優占種なし	ラワン(フタバガキ), ココヤシ，ナツメヤシ, マングローブ
亜熱帯多雨林	樹種が熱帯多雨林より**少ない**➡優占種あり	ソテツ，ビロウ，ヘゴ, アコウ，ガジュマル, マングローブ
照葉樹林(★)	クチクラの発達した葉をもつ(照りがある)	タブノキ，カシ，シイ, クスノキ，ツバキ
硬葉樹林	地中海性気候, 小さく硬い葉をもつ	オリーブ，ユーカリ, コルクガシ
夏緑樹林(★)	冬季に落葉	ブナ，ケヤキ，ナラ, シラカバ，トチ，カエデ, クリ
雨緑樹林	乾季に落葉, 季節風帯で発達	コクタン，チーク, ラワン(フタバガキ)
針葉樹林(★)	低温や乾燥に適している, 常緑樹と落葉樹(カラマツ)が混在	エゾマツ，トドマツ(モミ), コメツガ，トウヒ, カラマツ(落葉樹)，シラビソ
サバンナ	熱帯草原	イネ科植物, アカシア(大木)
ステップ	温帯草原	イネ科植物
砂漠	乾燥に適している	サボテン(多肉植物)
ツンドラ	地下に永久凍土層	地衣類，コケ植物

❸(★)日本の三大樹林…照葉樹林，夏緑樹林，針葉樹林

ポイントレクチャー

❶ 各バイオームの細かい特徴を確認しよう。基本的には，**赤字**の特徴を押さえておけば大丈夫だよ。熱帯多雨林➡優占種**なし**，亜熱帯多雨林➡優占種**あり**，硬葉樹林➡**地中海性気候**（雨が夏季に**少なく**冬季に**多い**気候），夏緑樹林➡**冬季**に落葉（テーマ58），雨緑樹林➡**乾季**に落葉（テーマ58）＆**季節風帯**で発達，ツンドラ➡地下に**永久凍土層**，という風に押さえていこう。

❷ 各バイオームの植物例を確認しよう。これも基本的には**赤字**の植物例を押さえておけば大丈夫だよ。**下のゴロで覚えようで押さえておいてね**！量がかなり多いので，１回自分の手で一から書き上げてみよう。その際，針葉樹林において**カラマツ**だけが「**落葉樹**」であることに注意してね。

❸ 照葉樹林，夏緑樹林，針葉樹林の３つのバイオームを合わせて“日本の三大樹林”というよ。日本特有のバイオームについてはテーマ60＆61にて詳しく説明するね。

ゴロで覚えよう

各バイオームの植物例

（照葉樹林）

しょうじタカシクんツ！

（照葉）　ブナキ（タ）　シ（カ）　イ（シ）　スノキ（ク）　バキ（ツ）

（硬葉樹林）

硬く、オンリーユーで餓死！

（硬葉）　ブ　カリ　コルクガシ

（夏緑樹林）

かりにブナんなケーキ ナラ、カバんトって カエってクリ！

（夏緑）　ヤ　シラ　チ　デ

（雨緑樹林）

雨の日、コクったら チクラれたワン！

（雨緑）　ン　ー

（針葉樹林）

エゾトドがコメくっトウカラ（◯）、シラけた（しーん…。）

マツ　マツ　ツガ　ヒ　マツ　落葉　ビソ　（針葉）

テーマ60 日本のバイオームと水平分布

板書

「緯度」の差と「標高」の差によって決まる!!

日本のバイオーム

➡日本は降水量が十分であるため，「気温」の差のみによってバイオームが決まる。

❶
・緯度の差＝水平分布（日本は南北に長い地形）
・標高の差＝垂直分布（日本は山が多い地形）

水平分布について

❷

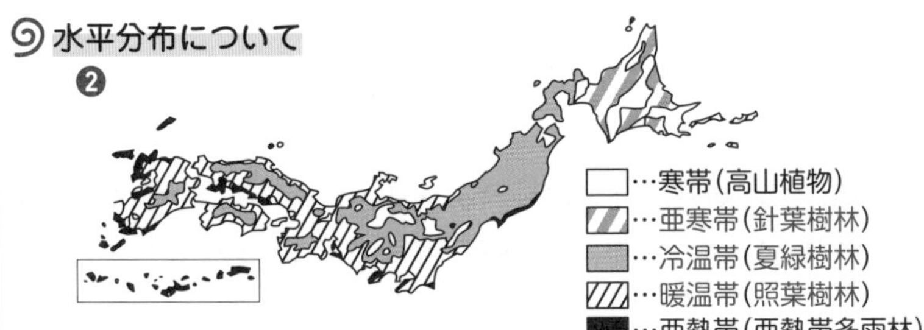

❸
暖かさの指数に関する問題

日本のバイオームの分布は12か月のうち月平均気温が5℃を超える月において，月平均気温から5℃を引いた数値を合計して算出される「暖かさの指数」によって決まる。暖かさの指数15～45を亜寒帯，45～85を冷温帯，85～180を暖温帯，180～240を亜熱帯，240以上を熱帯とし，ある地域Xの1年間の月平均気温(℃)は下表の通りであった。地域Xが属する気候帯はどれか。

月	1	2	3	4	5	6	7	8	9	10	11	12
月平均気温(℃)	2.8	3.3	6.5	12.3	17.0	21.3	25.5	26.3	22.4	15.9	10.1	5.1

解説

上表において月平均気温が5℃を越える月は3月から12月である。
よって，地域Xの暖かさの指数は

$$(6.5-5)+(12.3-5)+(17.0-5)+(21.3-5)+(25.5-5)+(26.3-5)+(22.4-5)+(15.9-5)+(10.1-5)+(5.1-5)=112.4$$

となる。

暖温帯…（答）

ポイントレクチャー

❶ 本テーマでは，日本特有のバイオームについて説明しよう。今，本書を読んでいる方のお住まいの地域をイメージしながら勉強していくといいよ。日本は**降水量が十分**であるため，「**気温**」の差のみによってバイオームが決まり，気温の差は「**緯度**」の差と「**標高**」の差によって決まる。日本は南北に長く，山が多い地形だから，このようなことがいえるのね。そして，緯度の差に注目したバイオームの分布のことを「**水平分布**」，標高の差に注目したバイオームの分布のことを「**垂直分布**」(➡テーマ61にて詳しく)というよ。

❷ テーマ59で勉強した日本の三大樹林(照葉樹林，夏緑樹林，針葉樹林)＋亜熱帯多雨林が日本のどの地域に分布しているかをこの図で確認しよう。北海道地方(**亜寒帯**)は「**針葉樹林**」，東北地方〜北関東地方(**冷温帯**)は「**夏緑樹林**」，南関東地方〜九州地方(**暖温帯**)は「**照葉樹林**」，沖縄地方(**亜熱帯**)は「**亜熱帯多雨林**」が分布しているよ。しっかり押さえておこう。

❸ 暖かさの指数に関する計算問題に挑もう。**暖かさの指数の算出方法は覚えなくてよいが，問題文をしっかりと読み，その誘導にしたがって問題を解けるようにしよう**！月平均気温が5℃を越える月に関してそれぞれ5℃ずつ引き，それぞれ導いた各月の数値の合計を出せばいいんだよ。

04 多様性と生態系

類題を解こう

暖かさの指数に関する問題

ある地域Ｙの１年間の月平均気温(℃)は下表の通りであった。左ページの問題文を参考にして，地域Ｙが属する気候帯を答えよ。

月	1	2	3	4	5	6	7	8	9	10	11	12
月平均気温(℃)	−3.0	−2.0	1.4	6.3	10.9	16.5	20.6	23.1	18.9	13.8	5.7	1.8

解説

地域Ｙの暖かさの指数は **75.8** となる。 **冷温帯…(答)**

テーマ61 日本のバイオームと垂直分布

板書

垂直分布について

❶

同じ気温

水平分布	垂直分布	バイオーム名
寒帯	高山帯	高山植物(★)
亜寒帯	亜高山帯	針葉樹林
冷温帯	山地帯	夏緑樹林
暖温帯	丘陵帯	照葉樹林
亜熱帯	(なし)	亜熱帯多雨林

※

❷

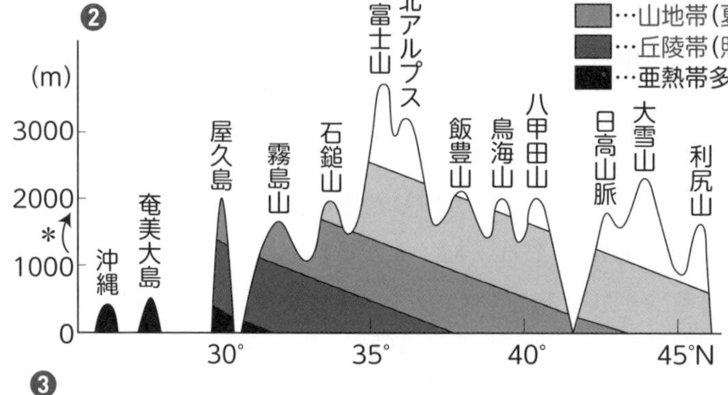

❸

(★)高山植物の例

ハイマツ，クロユリ，コマクサ，キバナシャクナゲ，コケモモ

❹

(※)森林限界…森林が成立する限界となる高度

・富士山(中部地方)…2500 m
・北海道地方　…1000 m

❺

(＊)…1000 m上るごとに 5～6℃下がる

ポイントレクチャー

❶ 日本のバイオームを決める環境要因は気温のみである。したがって，テーマ60で勉強したそれぞれの水平分布と同じ気温であるそれぞれの垂直分布では，同じバイオームが分布しているはずだね。この表は，水平分布と垂直分布を同じ気温でそろえて並べたものだよ。**「寒帯－高山帯－高山植物」「亜寒帯－亜高山帯－針葉樹林」「冷温帯－山地帯－夏緑樹林」「暖温帯－丘陵帯－照葉樹林」という風に，横並びでとらえていくと覚えやすいよ**！また，亜熱帯については，同じ気温に相当する垂直分布が存在しないよ。

❷ 北海道地方の海抜０m の多くの地域では，水平分布だと亜寒帯であり，針葉樹林が分布している。しかし，この地域を垂直分布におき換えると「亜高山帯」になる。“海抜０m”なのに“亜高山帯”というのは少し違和感があるけどね。**このように，この図でそれぞれの水平分布と垂直分布の関係を視覚的につかんでいこう**！

❸ 高山帯に分布している高山植物の植物例を押さえよう。高山植物は文字通り，高山に生えている植物で，例として**ハイマツ**，**クロユリ**，**コマクサ**，**キバナシャクナゲ**，**コケモモ**があげられるよ。

❹ 「これ以上山を登ると，もう森林が見られなくなる」そのような限界の高度のことを**森林限界**というよ。標高 3776 m の富士山(中部地方)の森林限界が 2500 m であるということは，大体７合目あたりから森林が見られなくなるということだね。富士山を登ったことがある方はイメージしやすいね。

❺ 山を 1000 m 上るごとに **5～6**℃気温が下がるということは，例えば，富士山の山頂と海抜０m の土地との気温差はおよそ 19～23℃あるということだ。最高気温が 20℃を超える５月や 10 月あたりの時期でも富士山の山頂に雪が積もっているのも納得だね。

ゴロで覚えよう

高山植物の植物例

高山＝high　クロ　モモ

ハイなユリコだが、キバってコケた！

マツ　マクサ　ナシャクナゲ

テーマ62 植生の遷移の流れ

板書

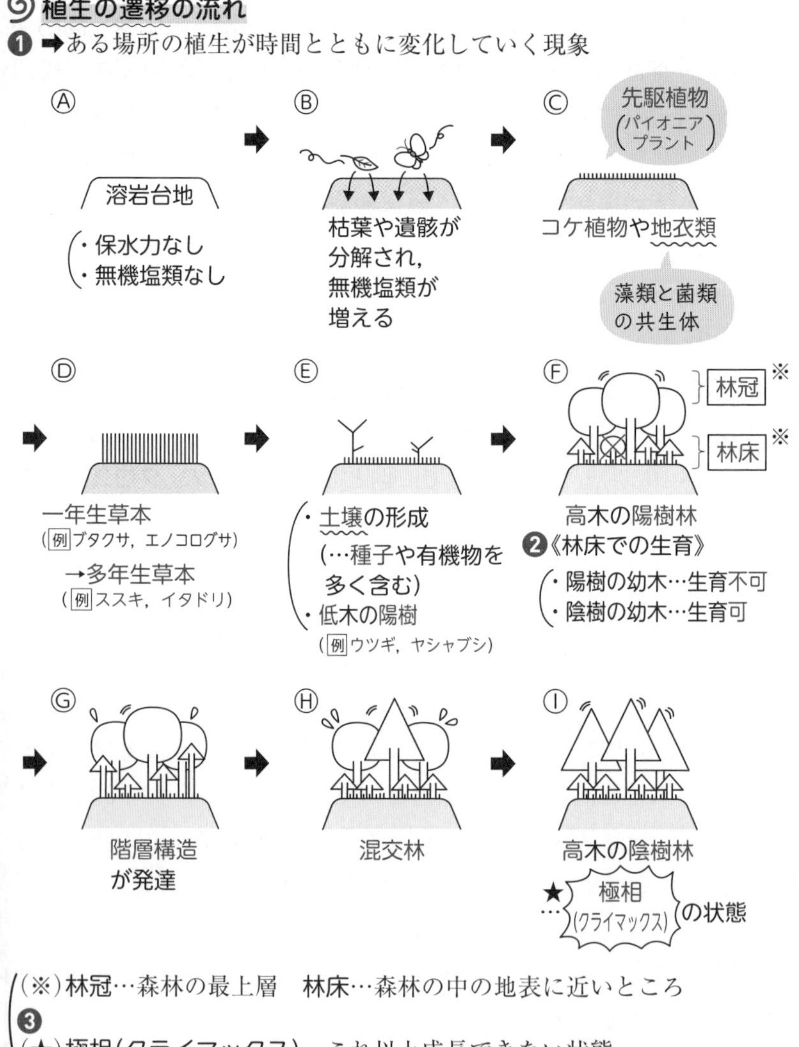

❸
(※)林冠…森林の最上層　林床…森林の中の地表に近いところ

(★)極相(クライマックス)…これ以上成長できない状態

➡森林全体として CO_2 を吸収していない状態

ポイントレクチャー

❶ Ⓐは火山活動により裸地となった溶岩台地を表しているよ。Ⓑは枯葉や遺骸が分解され，地面の**無機塩類**の量が増えるようすを，Ⓒは無機塩類を栄養にした**コケ**類や**地衣**類などの**先駆植物(パイオニアプラント)**が生えるようすを表しているのね。Ⓓは「**一年生草本**」→**ススキ**や**イタドリ**などの「**多年生草本**」が生えるようすを，Ⓔは**種子**や有機物を豊富に含む**土壌**の形成や，**ウツギ**，**ヤシャブシ**などの**低**木の**陽樹**が生えるようすを表している。Ⓕは**陽樹林**の形成，Ⓖは**階層構造**の発達，Ⓗは陽樹と陰樹が入り混じった**混交林**の形成，Ⓘは**陰樹林(極相林)**の形成を表しているよ。**このⒶ～Ⓘまでの遷移の流れをしっかりと押さえておこう**！ちなみに，Ⓐ～Ⓒはバイオームだと「**荒原**」の状態を，ⒹとⒺは「**草原**」の状態を，Ⓕ～Ⓘは「**森林**」の状態を表しているんだよ。

❷ Ⓕでは光があまり届かない**林床**が見られる。林床では，陰樹の幼木(＝木の赤ちゃん)は生育**できる**が，陽樹の幼木は生育**できない**。つまり，**林床における光の奪い合いの勝者が陰樹(**テーマ65**)**であり，これにより，Ⓕ→Ⓖ→Ⓗの過程において陰樹が優占するようになり，最終的にⒾでは陰樹のみが生育する陰樹林となるよ。

❸ 極相とは，森林全体として成長がない状態である。**木は光合成(CO_2の吸収)を行い成長するため，極相は森林全体としてCO_2を吸収していない状態といえるよ**。例えば，陰樹の幼木の成長する(光合成を行う)スペースが確保できなかったり，もし成木(＝大人の木)が倒れてそのスペースを確保できたとしても，倒れた成木が分解(テーマ67)されることでCO_2が放出されてしまったり…。この考え方を押さえておこうね。

あともう一歩踏み込んでみよう

森林の管理

日本は国土のおよそ$\frac{2}{3}$が森林である森林国である。森林を管理せずに放っておくと，CO_2を吸収しない極相林が増えてしまい，地球温暖化を促進してしまう恐れがある。そうならないために，極相林を適宜伐採するなど，森林の管理を意識的にしていく必要がある。

テーマ63 植生の遷移の特徴

板書

❶

植生の遷移の特徴

❷《土壌》

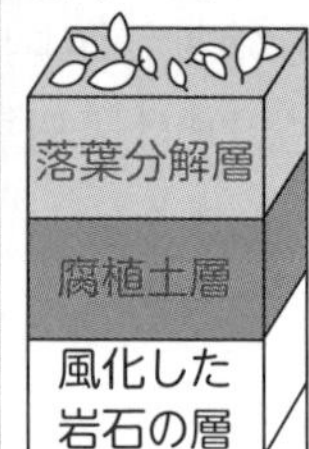

・落葉分解層
…落葉などが土壌動物や微生物によって分解・堆積してできた

・腐植土層
…分解が進んでできた有機物と風化した岩石が混じりあっている

❸《階層構造》

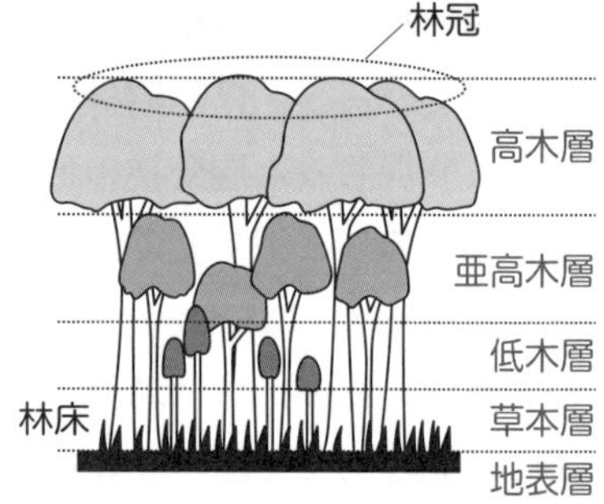

❹《陽樹（高木）の植物例》

カラマツ，アカマツ，クロマツ，クヌギ，コナラ，クリ

これ以外は「陰樹」

❺

POINT ギャップと生物多様性

極相林では，高木が倒れることなどにより，林床に光が届く場所（＝ギャップ）ができる場合がある

➡これにより，陰樹以外の植物（主に**陽樹**）が生育できるようになり，生物多様性（テーマ74＆75）が維持される

➡このような，ギャップにおける樹木の入れ替わりをギャップ更新という

➡また，里山（人間の影響を受けた生態系が存在する山）でも，同じ原理で生物多様性が維持されている

植生の遷移の種類

❻

・一次遷移➡
　・乾性遷移…テーマ62のⒶ～Ⓘの遷移
　・湿性遷移…テーマ62のⒶが湖沼である遷移

・二次遷移…森林伐採や山火事のあとに起こる遷移

➡土壌（種子）が残った状態からの遷移であるため，テーマ62のⒺ～Ⓘの過程を経る。そのため，一次遷移に比べて速く遷移が進行する。

ポイントレクチャー

❶ 本テーマでは「植生の遷移」についてより詳しく説明していくね。**テーマ62の板書の図を見ながら本テーマを押さえていくとより効果的だよ**！

❷ この図は，テーマ62の板書のⒺで形成された土壌の断面を表したものだよ。「**落葉分解層**」と「**腐植土層**」の位置関係を押さえておこうね。

❸ この図は，テーマ62の板書のⒼで発達した階層構造の詳しいようすを表したものだよ。「**高木層**」「**亜高木層**」「**低木層**」「**草本層**」「**地表層**」の位置関係をつかんでおこうね。

❹ テーマ62の板書のⒻの陽樹林を構成している高木の植物例を押さえよう。例として**カラマツ**，**アカマツ**，**クロマツ**，**クヌギ**，**コナラ**，**クリ**があげられるよ。上記以外の樹木は陰樹であると考えておくとよいよ。

❺ テーマ62の板書のⒾの陰樹林（極相林）は，これ以上成長できない状態であり，この状態が続くと**生物多様性が低下してしまう**恐れがある。**それに対し，ギャップや里山の存在が生物多様性の向上につながることがあることを知っておこう**！

❻ 植生の遷移にはさまざまな種類があることを確認しておこう。まず遷移は「**一次遷移**」と「**二次遷移**」の２つに大別され，一次遷移はさらに「**乾性遷移**」と「**湿性遷移**」に分けられるよ。一次遷移はテーマ62で学習したような，無機塩類が少ない裸地や湖沼から始まる遷移であるが，二次遷移は**森林伐採**や**山火事**のあとに起こる遷移であり，テーマ62の板書のⒺや本テーマの❷のような“**種子や有機物を多く含む土壌**”がある状態から始まる遷移であるため，一次遷移に比べて**速く**遷移が進行することを押さえておこうね。

ゴロで覚えよう

陽樹（高木）の植物例

Yo～！ カラっとアガったクロいねギ、1コナラ クリ！

（Yo＝陽樹，カラ＋っ＝マツ，アガった＝アカマツ，クロ＋い＝マツ，ね＝クヌ）

テーマ64 光合成曲線

板書

光合成曲線について

❶《光合成と呼吸》

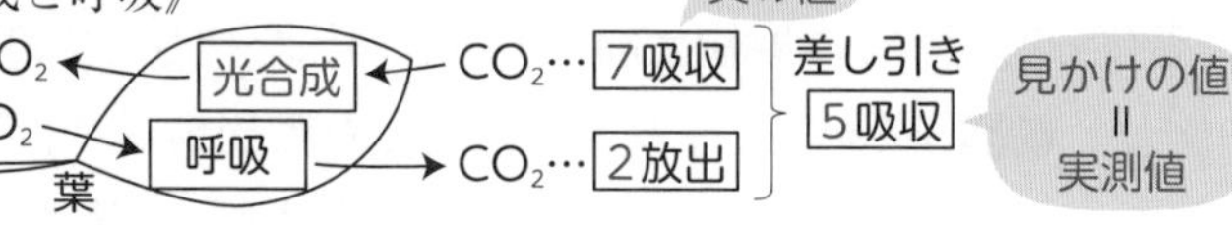

❷

POINT 光合成曲線

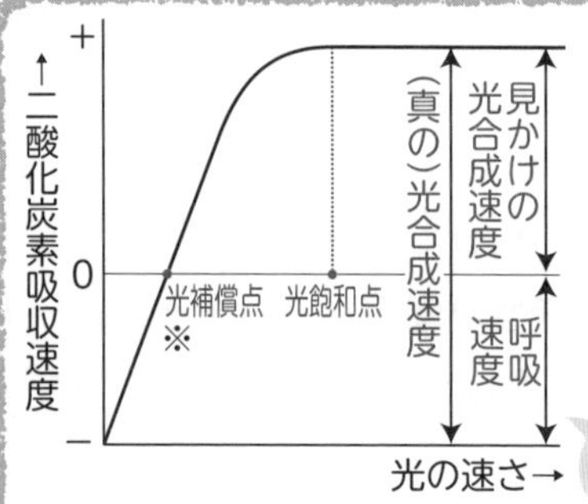

暗所で測定

❸ (関係式)

グルコースの合成量　グルコースの蓄積量　グルコースの消費量

(真の)光合成速度 ＝ 見かけの光合成速度 ＋ 呼吸速度

(※) **光補償点**…(真の)光合成速度と呼吸速度が同じときの光の強さ

光合成曲線の計算問題

次の表は光の強さ(単位はルクス)を変え，ある植物の葉一枚のCO_2量の収支(単位はmg／50 cm^2・1時間)を測定した結果である。

光の強さ	0	1000	4000	8000	10000	12000	14000
CO_2量	−1.2	−0.6	1.2	3.6	4.0	4.0	4.0

❸ 問1　この植物の葉50 cm^{2}に8000ルクスの光を5時間照射したとき，**合成**した有機物をCO_2に換算すると何mgになるか。

❹ 問2　この植物の葉50 cm^{2}に10000ルクスの光を14時間照射し，その後暗黒に10時間おいたとき，**蓄積**した有機物をCO_2に換算すると何mgになるか。

解説

問1　**(真の)光合成速度**を求める。

(3.6 + 1.2)mg／1時間×5時間＝ 24 mg …(答)

問2　見かけの光合成速度を求める。

4.0 mg／1時間×14時間－1.2 mg／1時間×10時間＝44 mg …(答)

ポイントレクチャー

❶ 光合成と呼吸は **“逆”** 反応である。図を見て，光合成の「**真の値**」と「**見かけの値＝実測値**」の違いを明確にしておこうね。

❷ 光合成曲線において，「**（真の）光合成速度**」「**見かけの光合成速度**」「**呼吸速度**」を表す範囲，および，「**光補償点**」「**光飽和点**」を表す点の位置を確認しておこう。また，暗所では呼吸のみが行われ，光合成は行われない。このことより，**呼吸速度は暗所で測定できる**ことも押さえておこうね。

❸ 問 1 ではグルコースの**合成**量に相当する CO_2 量が問われているため，まずは 8000 ルクスの光照射下における**（真の）光合成速度＝真の値**を求める必要があるよ。表に書かれた 3.6 は**見かけの値（実測値）**であるため，これに暗所での数値（**呼吸速度**に相当）である 1.2 を足して，真の値を求めたあとは，5 時間換算で計算すればいいんだよ。

❹ 問 2 ではグルコースの**蓄積**量に相当する CO_2 量が問われているため，**表に書かれた数値である見かけの値をそのまま使うことができるよ**。あとは，10000 ルクスの光照射下における表の数値（4.0）と，暗所での表の数値（－ 1.2）を問 1 と同様にそれぞれ時間換算して計算すればいいんだ。

類題を解こう

光合成曲線の計算問題

問 1　左ページの問題の植物の葉 $100cm^2$ に 4000 ルクスの光を 12 時間照射し，その後暗黒に 5 時間おいたとき，蓄積した有機物を CO_2 に換算すると何 mg になるか。

問 2　左ページの問題の植物の葉 $50cm^2$ を密閉した容器に入れ，暗黒に 15 時間おいた。その後，14000 ルクスの光を照射したとき，何時間何分で暗黒時に放出した CO_2 を使い果たしてしまうか。

解説

問 1　葉の面積が $50cm^2$ → $100cm^2$（2 倍）になっていることに注意！

1.2mg ／ 1 時間× **12** 時間× **2** － **1.2**mg ／ 1 時間× **5** 時間× **2** ＝ **16.8mg**…（答）

問 2　**1.2**mg ／ 1 時間× **15** 時間＝ **18mg**…暗黒時に放出した CO_2 量

➡ 18mg ÷ **4.0**mg ／ 1 時間＝ **4.5 時間**＝ **4 時間 30 分**…（答）

テーマ65 陽生植物と陰生植物

板書

陽生植物と陰生植物

- 陽生植物(陽樹)…光が多いところで生育する植物(樹木)
- 陰生植物(陰樹)…日陰で生育する植物(樹木)

❶《陽生植物と陰生植物の光合成曲線の違い》

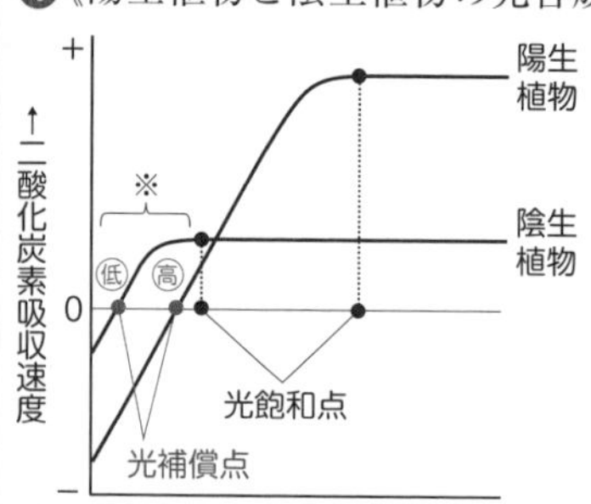

	呼吸速度	光飽和時の光合成速度	光補償点	光飽和点
陽生植物(陽葉)	大きい	大きい	高い	高い
陰生植物(陰葉)	小さい	小さい	低い	低い

❷

POINT テーマ62の Ⓕ の林床において，陰樹のみが生育した理由

植物は光補償点よりも弱光下だと枯れ，強光下だと成長する
➡陽樹よりも光補償点が低い陰樹の方が，光が届きにくい林床で生育しやすい(※)

光の奪い合いの勝者＝陰樹

陽葉と陰葉

❸

- 陽葉…日当たりのよいところについている葉。
- 陰葉…日当たりのよくないところについている葉。

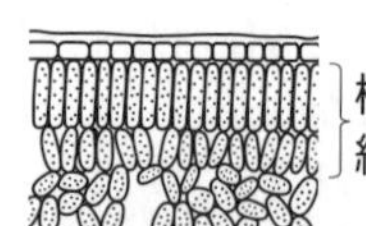
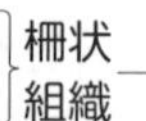

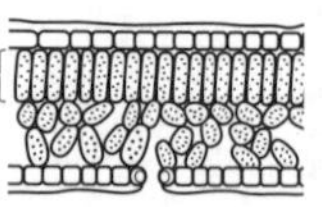

陽葉　　陰葉

	厚さ	広さ
陽葉	厚い(柵状組織が発達している)	狭い
陰葉	薄い	広い(なるべく多くの光が欲しい)

ポイントレクチャー

❶ **陽生植物**と**陰生植物**の光合成曲線の違いをしっかりと確認しておこう。この2本の曲線からなるグラフと右側の表の通り，陽生植物の光合成曲線は陰生植物の光合成曲線に比べ，呼吸速度が**大きく**，光飽和時の光合成速度が**大きく**，光補償点が**高く**，光飽和点が**高い**。このことより，陽生植物は光が多いところでは**よく成長する**が，日陰のような光が少ないところでは**生育しにくい**ことがわかるね。逆に，陰生植物は光が多いところでは陽生植物に比べ**あまり成長しない**が，日陰のような光が少ないところでも陽生植物に比べ**生育しやすい**こともわかるね。このように光合成曲線から，植物の適切な生育環境を見い出すことができるんだよ。また，テーマ62の植生の遷移で勉強した陽樹は陽生植物と同様の光合成曲線を示し，陰樹は陰生植物と同様の光合成曲線を示すことを知っておこう。

❷ 植物は光補償点よりも弱光下だと**枯れ**，強光下だと**成長**する。❶の陽樹(陽生植物)と陰樹(陰生植物)との光合成曲線の違いにより，テーマ62の板書のⒻにおいて，陽樹よりも光補償点が低い陰樹の方が，光が届きにくい**林床**で生育しやすいことがわかるね。**つまり陰樹において，光補償点が低いことが，光の奪い合い競争に有利にはたらいたってことなんだよ。**

❸ さらに，日当たりのよいところについている葉である陽葉は陽生植物と同様の光合成曲線を示し，日当たりのよくないところについている葉である陰葉は陰生植物と同様の光合成曲線を示すことも押さえておこう。また，陽生植物(陽樹)と陰生植物(陰樹)とは違い，陽葉と陰葉の光合成曲線は，1個体(1本の木)についている葉の違いに注目したものであることも知っておいてね。**柵状組織**が発達している陽葉は，光の多いところで光合成を行うため陰葉に比べ葉が**厚い**状態であり，光が少なくても生育しやすい陰葉は，光を受け止める効率を向上させるため，陽葉に比べ葉の表面積が**広い**ことを押さえておこう。

テーマ66 温度要因と適応

板書

ラウンケル（デンマーク）の生活形

❶ ➡環境条件を調べなくても生物の形（休眠芽の位置）から環境がわかる。

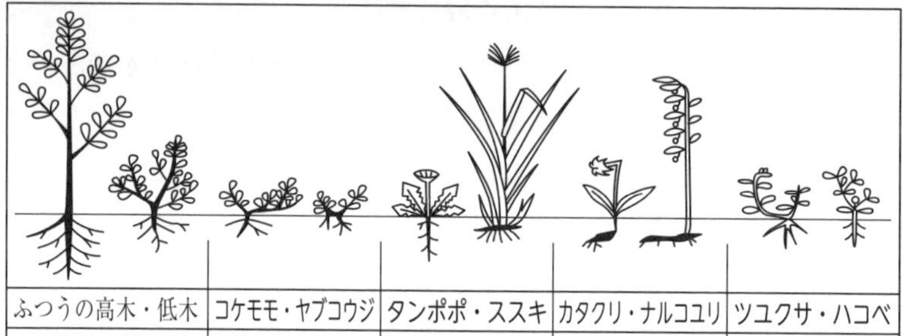

ふつうの高木・低木	コケモモ・ヤブコウジ	タンポポ・ススキ	カタクリ・ナルコユリ	ツユクサ・ハコベ
地上植物	地表植物	半地中植物	地中植物	一年生植物

地上植物…休眠芽が地上30cm以上につく
地表植物…休眠芽が地表から30cm以内につく
半地中植物…休眠芽が葉を広げて地表に接してつく
地中植物…休眠芽が地中につく
一年生植物…個体は枯れて，休眠芽は種子中にある

これらが多いと，冬の低温や乾季の乾燥が厳しい土地であることがわかる

❷
ベルクマン（ドイツ）の規則

マレーグマ（温暖地）

（からだの大きさ）＜

ホッキョクグマ（寒冷地）

➡体積当たりの表面積が小さくなり，熱を保持しやすい

❸
アレン（アメリカ）の規則

フェネックギツネ（温暖地）

（突出部の大きさ）

＞

ホッキョクギツネ（寒冷地）

➡突出部が小さいため，熱を保持しやすい

ポイントレクチャー

❶　生物は進化の過程で，生息する環境の温度要因に適応するように形態や構造を変化させてきた。本テーマでは，そのように適応してきた生物の特徴をまとめ上げた研究者たちについて勉強しよう。**ラウンケル**は，ある土地の年間の環境条件を調べなくても，その土地の年間の環境を調べる方法を見い出した研究者だよ。彼は，植物の**休眠芽(冬芽，抵抗芽)**の位置に注目し，それぞれの温度要因に適応した植物をこのようにタイプ分けしたよ。**それぞれのタイプの植物の名称と休眠芽の位置を押さえておこうね**！その際，休眠芽を**地表から 30 cm 以内**のところにつける「**地表植物**」と，休眠芽を**地表**につける「**半地中植物**」がごっちゃになってしまう方が多いので注意しよう。また，ラウンケルは「**半地中植物**」「**地中植物**」「**一年生植物**」が多い土地では，“**冬の低温**や**乾季の乾燥**が厳しい”ことを導き出したことも押さえておこう。

❷　**ベルクマン**は，恒温動物(ホ乳類と鳥類)では，寒冷地に生息する動物ほどからだが**大型化する**ことを見い出した研究者だよ。これらの動物がこのようになった理由は，大型化した方が体積当たりの表面積が**小さく**なり，熱が保持されやすいからだと考えられているよ。

❸　**アレン**は，恒温動物では，寒冷地に生息する動物ほど耳や尻尾などの**突出部が小さくなる**ことを見い出した研究者だよ。これらの動物がこのようになった理由は，突出部が小さい方が，放熱量が**小さく**なり，熱が保持されやすいからだと考えられているよ。ちなみに，ウサギの耳が大きく突出している理由は，天敵に追われ逃げているときに，体内に熱がこもらないようにするためなんだよ。

あともう一歩踏み込んでみよう

グロージャー(ドイツ)の規則

恒温動物では，寒冷地に生息する動物ほど体色が薄くなる。

キュウシュウフクロウ(温暖地)　　エゾフクロウ(寒冷地)

(体色の濃さ)　＞

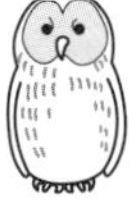

➡メラニン色素をあまりつくらない

テーマ67 生態系

板書

生態系の構成

➡"非生物的環境（環境要因）"と"バイオーム（生物群系）"を一体なものとしてみた統一的な物質交代系

❶
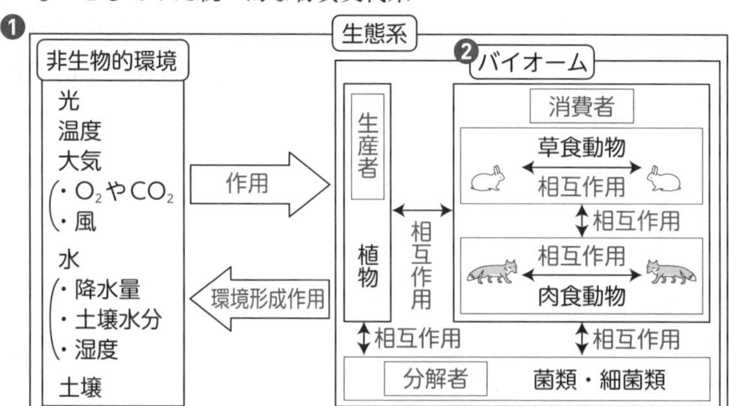

❸
- 作用　…非生物的環境➡バイオームへのはたらきかけ
- 環境形成作用…バイオーム➡非生物的環境へのはたらきかけ
- 相互作用　…生物間で見られるはたらきかけ

❹
POINT 食物連鎖（食う－食われるの関係）の流れ

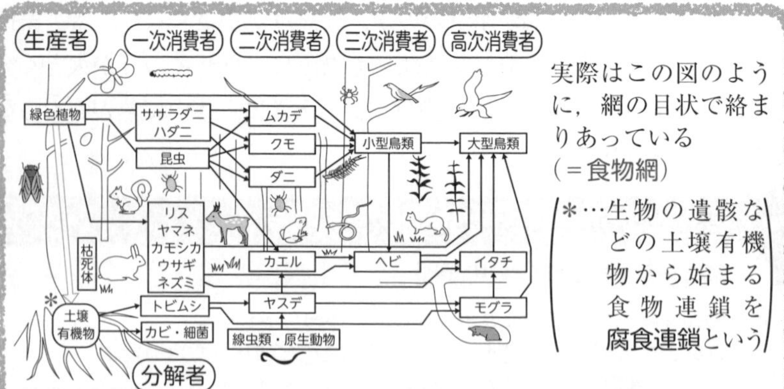

実際はこの図のように，網の目状で絡まりあっている（＝食物網）

（＊…生物の遺骸などの土壌有機物から始まる食物連鎖を**腐食連鎖**という）

➡生産者や消費者，分解者などの生物を食物連鎖の順に分けたものを栄養段階という

ポイントレクチャー

❶ 生態系とは何か？まずは，生態系の定義について押さえていこうね。生態系は「“**非生物的環境(環境要因)**”と“**バイオーム(生物群系)**”を一体なものとしてみた統一的な物質交代系」のこと。**生物ではない要因である「光」「温度」「大気」「水」「土壌」などの非生物的環境も生態系の定義に含まれていることに注意しよう**！

❷ バイオームは，植物などの「**生産者**」，動物などの「**消費者**」，菌類や細菌類などの「**分解者**」に分けられるよ。分解者は“**有機物を無機物に分解する**”ことを押さえておこう。

❸ 非生物的環境➡バイオームへのはたらきかけのことを「**作用**」，バイオーム➡非生物的環境へのはたらきかけのことを「**環境形成作用**」，生物間で見られるはたらきかけのことを「**相互作用**」というよ。これらの具体的な例を確認するために，下の**類題を解こう**にチャレンジしておこう。

❹ ここでは，「**食物連鎖**」「**食物網**」「**栄養段階**」などの生物用語を押さえておこう。また，肉食動物などの二次～高次消費者は，草食動物である一次消費者よりも，食物網(食物連鎖)の「**上位**に位置する」といった表現があることも知っておこうね。

類題を解こう

作用と環境形成作用と相互作用に関する問題

次のａ～ｅのうち，環境形成作用の例を２つ選べ。

ａ．過度の放牧や樹木の伐採により砂漠化が起こった。
ｂ．火山の噴火により多くの動植物が焼死した。
ｃ．プランクトンの数が減ったためにイワシの数が減った。
ｄ．雨が長期間降らないために草木が枯れた。
ｅ．樹木の成長により森林内の平均気温が下がった。

解説 (バ…バイオーム，非…非生物的環境)

(a：放牧や樹木(バ)→砂漠化(非)　b：火山の噴火(非)→動植物(バ)
c：プランクトン(バ)→イワシ(バ)　d：雨(非)→草木(バ)
e：樹木(バ)→平均気温(非))

➡作用：b，d　環境形成作用：a，e　相互作用：c　➡ a，e…(答)

テーマ68 生態系のバランス，生態ピラミッド

板書

生態系のバランス

❶《キーストーン種》

他の生物の生活に大きな影響を与えているため，**いなくなることで生態系に大きな影響を及ぼす種**。食物網の「**上位**」に位置するものがほとんど。このような種を保護しておかないと，**生物多様性**（テーマ74＆75）が低下する。

（生物例）ラッコ，ヒトデなど

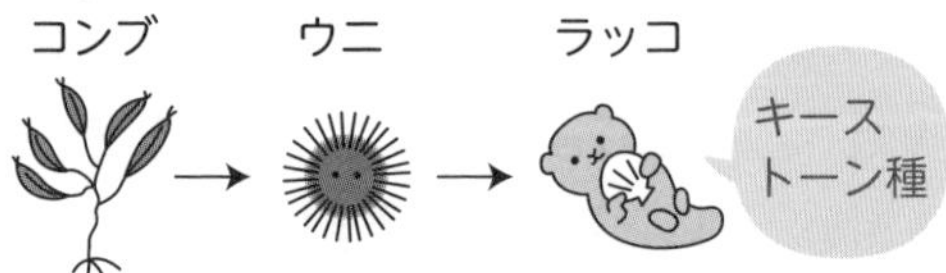

❷《かく乱》

台風や伐採など，バイオームに大きな影響を与える現象。

➡かく乱が“中規模”であれば，競争に弱い種でも生育できるようになることがある。＝中規模かく乱説

例　ギャップの形成，里山など（テーマ63）

➡「生態系の復元力」により，生物多様性の向上へとつながることも

❸

生態ピラミッドについて

➡生物の“いろいろなもの”の量を栄養段階ごとに積み上げたもの

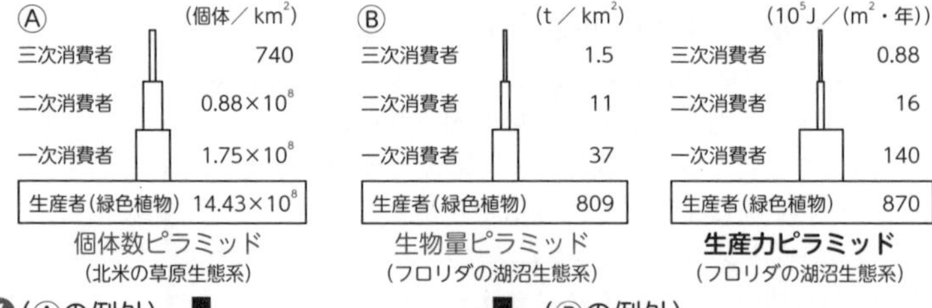

個体数ピラミッド（北米の草原生態系）

生物量ピラミッド（フロリダの湖沼生態系）

生産力ピラミッド（フロリダの湖沼生態系）

❹（Ⓐの例外）　（Ⓑの例外）

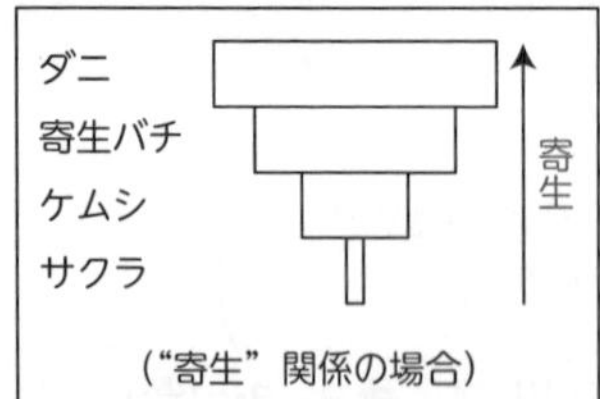

（“寄生”関係の場合）

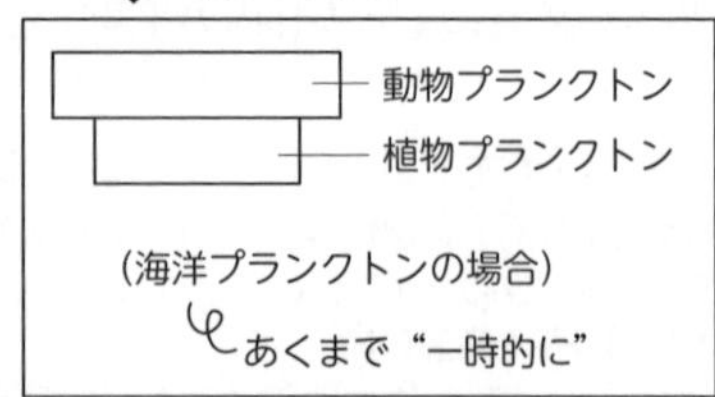

（海洋プランクトンの場合）

あくまで“一時的に”

ポイントレクチャー

❶ ラッコやヒトデなど，**“いなくなることで生態系に大きな影響を及ぼす種”**のことを**キーストーン種**というよ。キーストーン種は**“生物多様性の維持には欠かせない種”**で，キーストーン種を保護することは，**他の生物種の生活を保護することにつながるよ。**

❷ 台風や伐採など，バイオームに大きな影響を与える現象を**かく乱**というよ。大規模なかく乱は生物多様性の低下へとつながる恐れがあるが，テーマ63で学習したように，森林の**ギャップ**や**里山**の形成など，**“中**規模”なかく乱であれば，競争に弱い種でも生育できるようになることがあり，**これにより生物多様性の向上へとつながる**こともある。このように，かく乱の規模が中程度の場所で，最も多くの種の共存が見られるとする説を**中規模かく乱説**というよ。これらは**生態系の復元力**を利用した生物多様性の維持や向上の方法だよ。

❸ 生態ピラミッドは，各栄養段階の積み上げる“もの”の種類によって３つに大別されるよ。それは，“個体数”を積み上げる「**個体数ピラミッド**」，“生物量”を積み上げる「**生物量ピラミッド**」，“生産力(エネルギー)”を積み上げる「生産力ピラミッド(生物範囲)」の３つだ。ここでいう“生物量”とは“総重量”のことであることを知っておこう。

❹ Ⓐの例外は「**寄生**関係」の場合。サクラに寄生するケムシ，ケムシに寄生する寄生バチ，寄生バチに寄生するダニ…といったように，**寄生する側が食物連鎖の上位に位置するのに，その寄生した生物の数の方が多いことに注目しよう**！Ⓑの例外は「海洋プランクトン」の場合。これは植物プランクトンの**寿命が短い**ことが原因で，一時的に逆ピラミッドになることがあるんだよ。

あともう一歩踏み込んでみよう

アンブレラ種

イヌワシなど，食物網の「頂点」にいる消費者。キーストーン種は関わる生物種が少ないが，アンブレラ種は多くの生物種と関わっている。キーストーン種ほど生態系に大きな影響を与えないが，アンブレラ種を保護することで生態ピラミッドの下位の生物種もまとめて保護することができると考えられている。

テーマ69 炭素の循環，窒素の循環

板書

物質の循環

❶ ➡異化(テーマ6)などで生じた熱エネルギーは生態系内を循環しないで生態系外へ出ていくが，物質は生態系内を循環し続ける。

❷《炭素の循環》

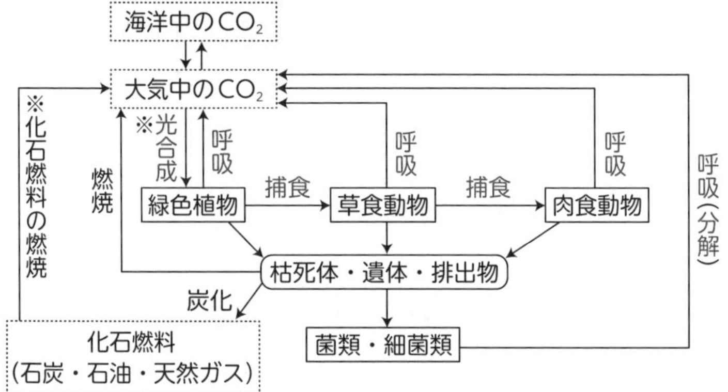

❸
(※…「化石燃料の燃焼」や「極相林ではない森林の伐採による光合成量の低下」により，大気中のCO_2量が増えることで**地球温暖化**が促進される。➡テーマ70)

❹《窒素の循環》

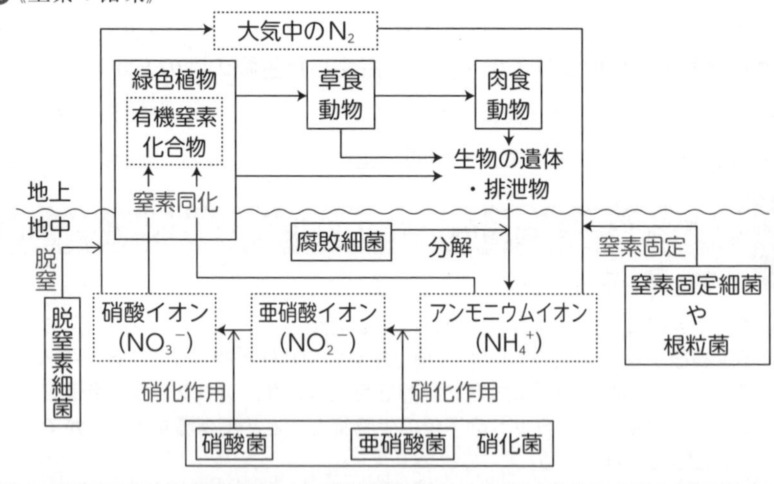

ポイントレクチャー

❶ 炭素や窒素などの物質は**生態系内を絶えず循環し続ける**が，異化などで生じた**熱エネルギーは生態系内を循環せず，生態系外へ出ていく**ことを押さえておこう。

❷ ここで，テーマ67で勉強した「作用」「環境形成作用」「相互作用」の具体例について勉強していこう。炭素の循環に注目した場合，緑色植物が行う光合成は“非生物的環境➡バイオーム”である「**作用**」，各生物が行う呼吸は“バイオーム➡非生物的環境”である「**環境形成作用**」，生物間で行われている捕食は「**相互作用**」である。炭素の循環に関する計算問題の対策として，下の**類題を解こう**にチャレンジしてみよう。

❸ 炭素は生態系内を循環するため，「化石燃料の燃焼」や「極相林ではない森林の伐採による光合成量の低下」により，大量の CO_2 が大気中に蓄積する。つまり，**ヒトの過剰な環境形成作用が地球環境問題を引き起こしている**，ということだね。

❹ 窒素の循環については，赤字で書かれている「**窒素同化**」「**窒素固定**」「**硝化作用**」「**脱窒**」などの生物用語を押さえておこう。また，窒素同化は“非生物的環境➡バイオーム”である「**作用**」であることに注目しておいてね。

04 多様性と生態系

類題を解こう

炭素の循環の計算問題

右の図はある陸上の生態系における炭素の循環を示したものである。この生態系が安定した平衡状態にあり，大気との炭素の出入りが見かけ上ないとき，(*x*)～(*z*)に当てはまる数値を記せ。また，数値は1ヘクタール，1年当たりの重量(トン)で表している。

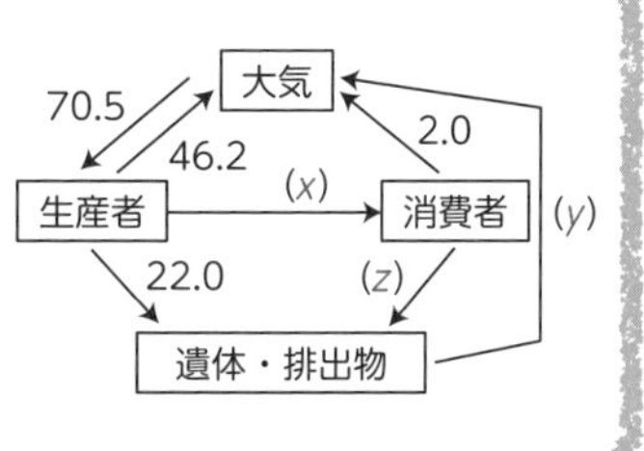

解説 **「入ってくる分＝出ていく分」**で考える。

- 生産者を基準…「$70.5 = 46.2 + (x) + 22.0$」 ➡ $(x) = $ **2.3**……(答)
- 大気を基準 …「$46.2 + 2.0 + (y) = 70.5$」 ➡ $(y) = $ **22.3** …(答)
- 消費者を基準…「$2.3(x) = 2.0 + (z)$」 ➡ $(z) = $ **0.3**……(答)

テーマ70 地球温暖化

板書

地球温暖化

❶ 原因
・化石燃料の燃焼増加
・森林の大規模な伐採

❷ ただし，極相林以外を伐採・焼却した場合に限る

➡大気中の CO_2 濃度が上昇

➡温室効果ガス…熱（赤外線）を吸収する性質をもつ

他の 例　メタンガス，水蒸気，フロンガス，一酸化二窒素

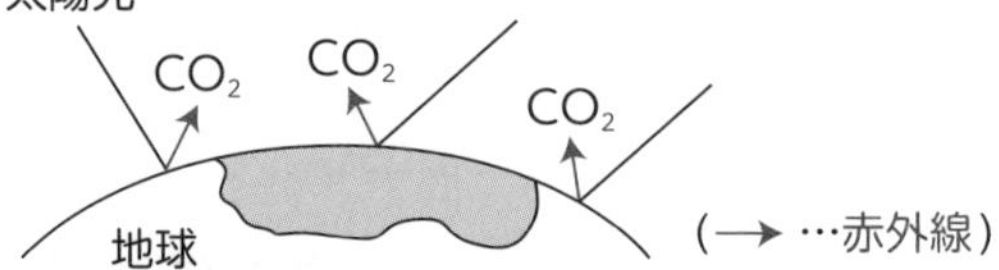

❸

（温室効果ガスで熱が発生する理由）

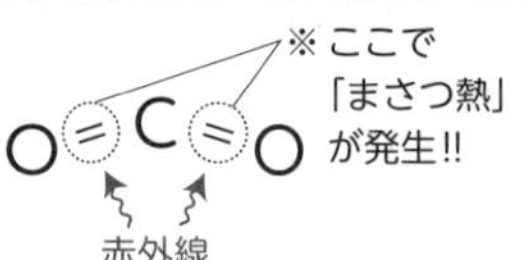

※…このまさつ熱が大気中の N_2 や O_2 に渡されることで，大気全体がどんどん温められていく

影響（異常気象になる，砂漠化が起こる，海水面の上昇，海水の酸性化など）

❹

POINT 大気中の CO_2 濃度の推移

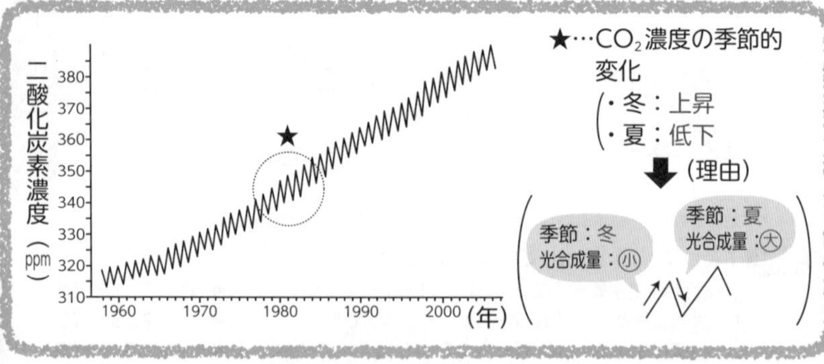

ポイントレクチャー

❶ 地球温暖化は「**化石燃料の燃焼増加**」と「**森林の大規模な伐採**」によって，大気中 **CO_2** 濃度が上昇したことで引き起こされる。CO_2 のように，地球表面から放射された**赤外線**(熱エネルギー)を吸収する性質をもつ気体を**温室効果ガス**というよ。温室効果ガスの他の例としては，**メタンガス**，**水蒸気**，**フロンガス**，**一酸化二窒素**があげられるよ。

❷ ここで「極相林以外を伐採・焼却した場合に限る」と書いてある理由は，テーマ62で勉強したように，極相林が森林全体として CO_2 を吸収する能力をもたないこと，および，万が一森林を大量伐採しても，それらを焼却しない限りは，樹木がもつ有機物が CO_2 として大気中に放出されることがないからだよ。つまり，極相林に関しては，適宜伐採して，焼却せずに木材としてログハウスの建設などに利用すれば，地球温暖化防止の対策になるのである。

❸ 温室効果ガスで熱が発生する理由は，赤外線によって気体分子内の化学結合がまさつ熱を発生するから。何と，メタンガスは CO_2 の 21 倍のまさつ熱を発生させるんだよ。しかし，メタンガスの排出量は少ないため，地球温暖化への影響力は小さいとされているよ。

❹ 大気中の CO_2 濃度が，このようにノコギリ状に上昇する理由について説明するね。それは，光合成量が**小さい**冬では植物の CO_2 吸収量も**小さい**ため，大気中の CO_2 濃度が**増加**し，また，光合成量が**大きい**夏では植物の CO_2 吸収量も**大きい**ため，大気中の CO_2 濃度が**低下**するからだよ。

あともう一歩踏み込んでみよう

気候変動枠組条約締約国会議

(日本の温室効果ガス削減目標)

- 1997 年**京都議定書(COP3)**…1990 年に比べ，2008 年～ 2012 年にかけて温室効果ガスの量を－ **6%**に。
- 2015 年**パリ協定(COP21)** …2013 年に比べ，2016 年～ 2030 年にかけて温室効果ガスの量を－ **26%**に。

➡きちんと対策していかないと，今世紀末には気温が最大でおよそ＋ 6℃上昇するかも !?

テーマ71 オゾン層の破壊，酸性雨

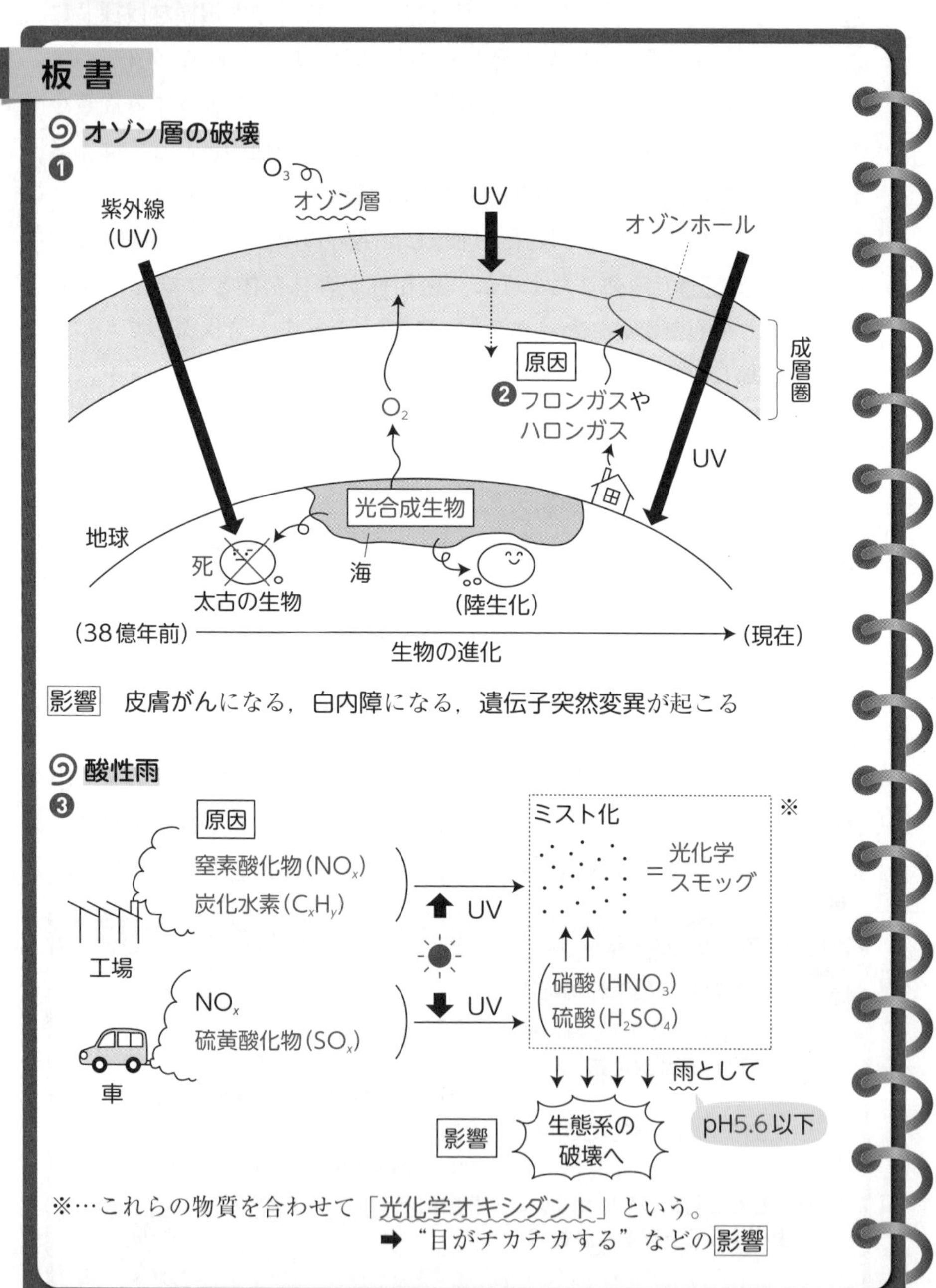

ポイントレクチャー

❶　オゾン層は地上 25 km 付近の成層圏内にあり，宇宙から降り注がれる有害な**紫外線（UV）**を吸収して地球上の生物を保護してくれているよ。そもそも，オゾン層はどのようにしてできたのか？それは生物の進化と深く関わっている。まずは，その成り立ちから破壊まで一気に説明するね。生物が誕生した 38 億年前にオゾン層はなく，有害な UV が大量に地球上に届いてしまうため，太古の生物は陸生化できなかった。その後，今から 4〜6 億年ほど前に**光合成生物**が出現し，上空に大量の **O_2** が放出されたことにより**オゾン（O_3）層**が形成された。オゾン層が形成されたことにより，生物の陸生化が果たされたが，ヒトが冷蔵庫などの冷媒として利用していた大量の**フロンガス**や**ハロンガス**が放出され，**オゾンホール**が形成された。

❷　フロンガスやハロンガスに含まれる塩素（Cl）が以下のような反応を繰り返し引き起こすことでオゾン層が破壊される。

$$Cl + \boxed{O_3} \rightarrow ClO + O_2 ,\ ClO + \boxed{O_3} \rightarrow Cl + 2O_2$$

この反応より，O_3（オゾン）が Cl によって無くなっていっていることがわかるね。

❸　太陽光（UV）の照射によって，工場の煤煙や車の排気ガスに含まれる「**窒素酸化物（NO_x）**」や「**硫黄酸化物（SO_x）**」や「**炭化水素（C_xH_y）**」から「**硝酸（HNO_3）**」や「**硫酸（H_2SO_4）**」が合成されることがある。これらが雨に溶け込み，普通の雨よりも酸性が強い雨（pH **5.6** 以下）となったものを**酸性雨**というよ。また，※のように，硝酸と硫酸と炭化水素を合わせたものを**光化学オキシダント**といい，光化学オキシダントを高濃度に含むミスト状の大気を**光化学スモッグ**というよ。

あともう一歩踏み込んでみよう

オゾン層の回復

1988 年に施行された「オゾン層保護法」などにより，フロンガスなどの生産や消費が規制され，破壊されたオゾン層は今現在，回復傾向にある。今世紀中ごろまでには，日本上空のオゾン層は，オゾン層の破壊が少なかった 1980 年のレベルまで回復すると予測されている。

04 多様性と生態系

テーマ72 自然浄化

板書

水質汚濁について

❶ 原因 （・生活排水 ・工場排水）　影響 （・自然浄化(自浄作用) ・富栄養化➡テーマ73 ・生物濃縮➡テーマ73）

自然浄化について

➡川や海に流入した汚濁物質(有機物)が，分解者による分解などによって減少していく現象。➡「生態系の復元力」による

テーマ68

❷

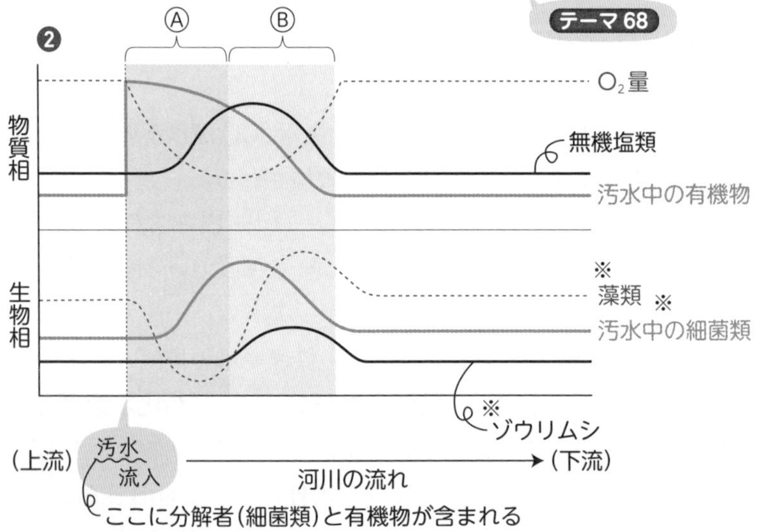

・Ⓐゾーンで起きている現象
　➡（・汚水流入による“濁り”によって藻類が減り，光合成量も減少 ・汚水中の大量の分解者が O_2 を用いて分解を行う）
　➡ O_2 量の減少

・Ⓑゾーンで起きている現象
　➡汚水中の分解者の分解により藻類の栄養分となる無機塩類が増加し，それに続き藻類も増え，光合成量も増加
　➡ O_2 量の増加

❸
※指標生物…水質判定の基準となる生物

ポイントレクチャー

❶　水質汚濁は「**生活排水**」や「**工場排水**」によって引き起こされるよ。これにより，川や海に流入した汚濁物質(有機物)が，分解者による分解などによって減少していく「**自然浄化**」や，汚水(汚濁物質を含む)の排水によって汚染された湖の透明度が低下する「**富栄養化**」(テーマ73)，特定の物質が生物体内に取り込まれて蓄積され，食物連鎖の過程を通して濃縮を重ねていく「**生物濃縮**」(テーマ73)が起こるのね。本テーマでは，自然浄化について詳しく説明するね。

❷　**分解者(細菌類)**と**有機物**が含まれる汚水が河川の上流に流入されると，まず，汚水流入による“濁り”によって**藻類が減り，光合成量が減少**し，また，汚水中の**分解者が O_2 を用いた分解を行う**ことで，**O_2 量が減少**する(Ⓐゾーン)。その後，汚水中の分解者の分解により増加した**無機塩類**を取り込んだ**藻類が増殖**し，それに続き，**藻類の光合成量も増加**することで，**O_2 量が増加**する(Ⓑゾーン)。**この汚水流入から水質回復までの流れをしっかりと押さえておこう**！ちなみに，Ⓑゾーンで分解者の数が減少している理由は，“ゾウリムシが捕食したから”だよ。このように自然浄化には，生物どうしの相互作用(テーマ67)も関係しているんだね。

❸　水質判定の基準となる生物を**指標生物**というよ。各指標生物の数を測定することで，河川の水質汚濁のようすや自然浄化の進行具合がわかるのね。また，分解者などの微生物が有機物を分解する際に消費する酸素量をBOD(生物化学的酸素要求量)といい，この量を測定することによっても，水質を判定することができるよ。

覚えるツボを押そう

自然浄化

汚水流入(水質の低下)→汚水の“濁り”により藻類が減少＆汚水中の分解者が有機物を分解(O_2 量の減少)→無機塩類が増加→藻類が無機塩類を吸収して増殖→光合成量が増加(O_2 量の増加)→水質の向上

テーマ73 富栄養化，生物濃縮

板書

富栄養化について

➡汚濁物質（有機物）を含む汚水の排水によって汚染された湖の透明度が低下する現象（下図のⒶ～Ⓒの順番に進行する）

❶

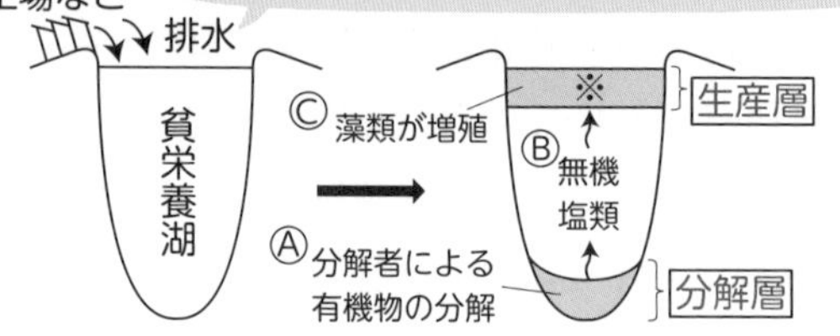

❷
※補償深度
…見かけの光合成速度が0となる湖の深さ

❸

POINT 微生物の異常発生

・赤潮　…沿岸部や内海が富栄養化し，**ラフィド藻類**（シャットネラ）や**渦鞭毛藻類**（ヤコウチュウ）などが異常発生したもの
・アオコ…湖沼が富栄養化し，**シアノバクテリア**（ミクロキスティス）などが異常発生したもの

テーマ1

生物濃縮について

❹ ➡特定の物質（★）が生物体内に取り込まれて蓄積され，食物連鎖の過程を通して濃縮を重ねていく現象

（★）の例　DDT，BHC，PCB，DES，ダイオキシン
　➡環境ホルモン（内分泌かく乱物質）
　　…ホルモンと化学構造が類似し，人工的に合成された物質

参考 DDT（…鳥類の生殖器障害を誘発）の生物濃縮

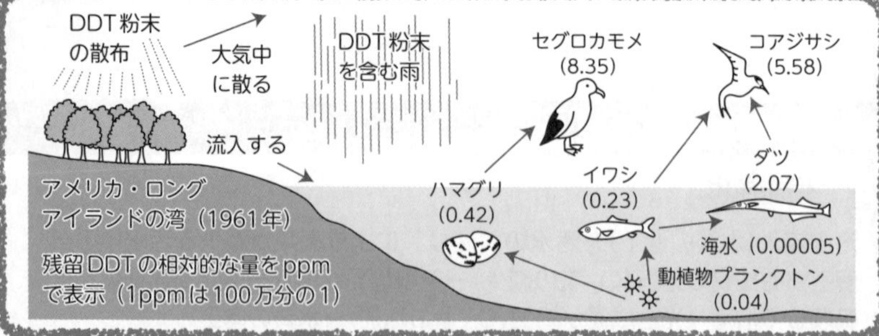

ポイントレクチャー

❶　富栄養化の流れについて説明するね。透明度が高い貧栄養湖に**N（窒素）**や**P（リン）**を含む有機物が入っている汚水が流入すると，Ⓐ汚水中，または，湖にもともと生息していた**分解者**が湖の底である**分解層**で**有機物を分解**→Ⓑ大量の**無機塩類**が浮遊→Ⓒ光が届きやすい湖の水面あたりである**生産層**に生息していた**藻類**が，その大量の**無機塩類を取り込むことで増殖**し，**富栄養化**が起きる。**この汚水流入から富栄養化までの流れをしっかりと押さえておこう**！この「分解者の分解→無機塩類が増える→藻類が増殖」の流れはテーマ72で学習した自然浄化のときと同じだね。

❷　湖に生息する藻類において，“見かけの光合成速度が0となる湖の深さ”を**補償深度**というよ。これは，テーマ64で学習した光補償点の“湖の深さバージョン”ととらえてくれればいいよ。

❸　微生物の異常発生の例として，「**赤潮**」と「**アオコ**」があげられるよ。赤潮は**ラフィド藻類（シャットネラ）**や**渦鞭毛藻類（ヤコウチュウ）**などの微生物の異常発生，アオコは**シアノバクテリア（ミクロキスティス）**などの微生物の異常発生によって引き起こされる。**それぞれの微生物例をしっかりと押さえておこうね**！

❹　生物濃縮の原因物質であり，かつ**環境ホルモン（内分泌かく乱物質）**として作用する物質（**DDT，BHC，PCB，DES，ダイオキシン**）を押さえておこう。環境ホルモンの存在はアメリカの生物学者であるレイチェル・カーソンの本「沈黙の春」によって世界中に知れ渡ったよ。環境ホルモンが生態系に与えた影響の例として，“殺虫剤として利用されたDDTの生物濃縮による鳥類の生殖器障害の誘発”があげられるよ。

あともう一歩踏み込んでみよう

生物濃縮と公害病

生物濃縮による公害病	濃縮された原因物質	ヒトが摂取した食品
水俣病	**有機水銀**	魚類
イタイイタイ病	**カドミウム**	米

テーマ74 生物多様性

板書

生物多様性について

❶《生物多様性の3つの側面》

➡ ・**遺伝子の多様性**…同種内における遺伝子の多様性
　・**種の多様性**　　…種そのものの多様性
　・**生態系の多様性**…生物が生息する環境の多様性

❷《生物多様性条約》

「生物多様性の保全」「生物資源の持続可能な利用」「遺伝資源の利用から生じる利益の公正かつ衡平な分配」を目的とする条約

❸

POINT 生物多様性の維持に関する用語

・**ワシントン条約**
…絶滅危惧種の保護のため，絶滅危惧種の捕獲や国際取引を規制する条約

・**レッドデータブック**
…レッドリスト(絶滅危惧種をリストアップしたもの)に基づき，絶滅危惧種の生息状況などをまとめたもの

・**ラムサール条約**
…湿原の保存に関する国際条約
➡水鳥を食物連鎖の頂点とする湿原(湿地)の生態系を守るのが目的

・**外来生物法**
…選定された**外来生物**(※)を野に放つこと，および，飼育や栽培，輸入などの取り扱いを規制する法律

❹ (※)…人間の活動によって本来の生息場所から別の場所へもち込まれ，その場所に定着している生物。➡テーマ75

➡ ・**侵略的外来生物**…もち込まれた先で生態系に大きな影響を与える外来生物
　・**特定外来生物**　…侵略的外来生物の中で外来生物法の対象として選定された生物

ポイントレクチャー

❶ **生物多様性における３つの側面についてしっかりと理解を深めよう**！生物多様性には，同種内における遺伝的な違いの豊富さの指標となる「**遺伝子の多様性**」，種数の豊富さの指標となる「**種の多様性**」，生物が生息する環境，つまりは“場”の豊富さの指標となる「**生態系の多様性**」の３つの側面がある。**これらの多様性を維持していくことは，僕たちヒトの生活の維持にもつながるよ**。このテーマが正に“自分自身との関わり”であることを意識して考えていくといいよ。

❷ 生物多様性条約…このような文字だけの説明を見ても，ピンとこない方が多いであろう。そこで，下の**イメージをつかもう**をしっかり読みこんでおこう。著者なりにかみ砕いた，わかりやすい表現で，生物多様性条約を説明しているつもりだよ。

❸ ここでは，「**ワシントン条約**」「**レッドデータブック**」「**レッドリスト**」「**ラムサール条約**」「**外来生物法**」などの生物多様性の維持に関する用語を押さえておこう。条約や法律についても，その内容を把握しておいてね。

❹ 外来生物のなかでも，もち込まれた先で生態系に大きな影響を与える外来生物のことを「**侵略的外来生物**」，侵略的外来生物の中で外来生物法の対象として選定された生物のことを「**特定外来生物**」というよ。この両者の違いを明確にしておこうね。

イメージをつかもう

生物多様性条約

生物多様性条約とは？

(仮に)

一部の人類が月への移住を考えたとする。

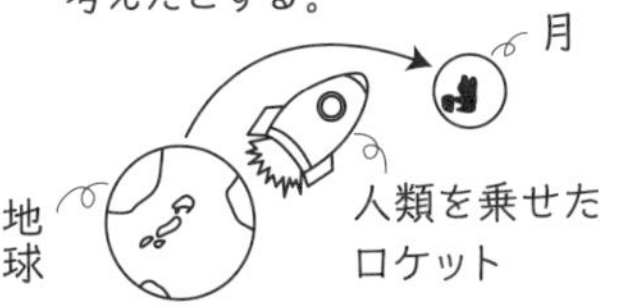

月で，地球にいた頃と同じ生活をするためには，どのような「遺伝子」「種」「生態系」をもっていくか？

それを考えていくってこと。

テーマ75 生物多様性の維持

板書

❶
生物多様性を低下させる原因

❷《分断化》

…人間活動により生息地が分断され，小さく分かれていくこと
➡局所個体群(個体数の少ない同種個体の集まり)が生じる
➡近親交配や男女比の偏り，近交弱勢(劣性の有害遺伝子をホモにもつ個体が増えて死亡率が増加する現象)が生じる
➡**遺伝子の多様性が低下**し，環境の変化に対する耐性がなくなる個体が増え，さらに個体数が減少していく。この過程の繰り返しにより，個体群が絶滅へと向かっていく＝絶滅の渦
➡結果的に，種の絶滅へつながることも(**種の多様性の低下**)

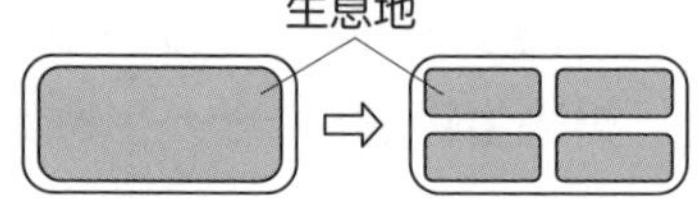

❸《外来生物の侵入》

・捕食…外来生物がその場所に生息する在来生物を捕食する
　例 オオクチバス，アライグマ，マングース，グリーンアノール，ブルーギル，ウシガエルなど
・競合…外来生物が同じような食物や生育環境をもつ在来生物からそれらを奪い，駆逐する
　例 カダヤシ，ガビチョウ，ヌートリアなど
・交雑…外来生物と在来生物との間で交配が起こり，雑種が生じる＝遺伝子汚染
　例 テナガコガネ，タイワンザルなど
・感染…外来生物が，それまでその場所に存在しなかった他の地域の病気や寄生性の生物をもちこむ
　例 ヒアリ，セアカゴケグモなど

❹
参考 日本の絶滅種と絶滅危惧種

・絶滅種　　…ニホンカワウソ，ニホンオオカミ，トキなど
・絶滅危惧種…アホウドリ，コウノトリ，ジュゴン，ニホンウナギ，アマミノクロウサギ，イリオモテヤマネコなど

ポイントレクチャー

❶ **生物多様性の低下は僕たちヒトの生活の低下につながる**。このことを意識しながら本テーマの内容を理解していこう。

❷ まずは“個体群(ある空間を占める同種個体の集まり)が絶滅していく原因”について説明していくね。個体群の絶滅が起きるということは，遺伝子の多様性の低下や，最悪の場合，種の多様性の低下につながることもある。そうならないためにも，絶滅の原因について探っていこう。個体群の絶滅の原因は次のように考えられているよ。まず，人間活動による**分断化**が起き，**局所個体群**が生じる。その後，親子間や兄弟姉妹間の**近親交配**が生じることで**遺伝子の多様性が低下**する。また，男女比の偏りが生じたり，有害遺伝子をホモにもつ個体が増えることによって死亡率が増加する**近交弱勢**が生じたりすることにより，さらなる**遺伝子の多様性の低下**が引き起こされる。その後，環境の変化に対する耐性がなくなる個体が増えることで，さらに個体数が減少していく。この繰り返しが原因で，個体群が絶滅へと向かっていく。これを**絶滅の渦**というよ。

❸ ここで外来生物について，その生物例を様々なタイプとともに押さえておこう。「捕食」や「競合」や「感染」タイプの外来生物の侵入により**種の多様性の低下**が，「交雑」タイプの外来生物の侵入により**遺伝子汚染**が起き，**遺伝子の多様性の低下**が引き起こされる恐れがあることを知っておこうね。

❹ 本書の最後に，日本の絶滅種と絶滅危惧種を確認しておこう。絶滅種の認定として著者本人の記憶に強く残っているのは，日本産の最後のトキである「キン」が死亡したときである(2003年)。現在，中国産のトキの繁殖が成功しているため，トキは日本では「野生絶滅」という扱いになっているよ。ちなみに，トキの学名は「*Niponia nippon*」だよ。

あともう一歩踏み込んでみよう

絶滅種数

・2億年前(地球上に恐竜がいた頃)➡ 1000年の間に1種
・現在 ➡ **1年の間に40000種**
(＝約15分の間に1種)

現在は
こんなにも
絶滅のスピードが
加速している!!

付録 受験生物で覚えるべき人物名集

赤字で書かれた人物名は絶対に暗記しよう！

第1章　生物の特徴

年代	人物名	業績	ページ
1665	フック	コルクの薄片で細胞を発見	18
1674	レーウェンフック	生きている細胞を顕微鏡で観察	18
1831	ブラウン	細胞の核を発見	18
1838	シュライデン	植物について細胞説を提唱	18
1839	シュワン	動物について細胞説を提唱	18
1855	フィルヒョー	細胞は細胞から生じることを提唱	18, 70
1869	ミーシャー	DNA(ヌクレイン)を発見	18
1967	マーグリス	共生説を提唱	12

第2章　遺伝子とそのはたらき

年代	人物名	業績	ページ
1865	メンデル	遺伝の法則を発見	38
1903	サットン	染色体説を提唱	38
1928	グリフィス	形質転換に関する研究	38, 44
1944	エイブリー	形質転換の実験で遺伝子の本体を解明	38, 46
1949	シャルガフ	塩基対合則を確立	38, 48
1952	ハーシー，チェイス	T_2ファージの実験で遺伝子の本体を解明	38, 48
1952	ウィルキンス，フランクリン	X線でDNAの構造を解析	40
1953	ワトソン，クリック	DNAが二重らせん構造をとることを提唱	40, 56
1955	ガモフ	トリプレット説を提唱	56, 58
1961	ニーレンバーグ	遺伝暗号(コドン)を解明	58
1962	ガードン	核移植実験でクローン動物を作製	64
1963	コラーナ	遺伝暗号(コドン)を解明	58
1996	ウィルマット，キャンベル	クローン羊(ドリー)を作製	64

レーウェンフック

ブラウン

シュライデン

シュワン

第 3 章　体内環境の維持

年代	人物名	業績	ページ
1628	ハーベイ	血液の循環を証明	74
1796	ジェンナー	天然痘のワクチンを開発	120
1855	ベルナール	恒常性の基礎を築く	66
1882	コッホ	結核菌の発見	120
1885	パスツール	鶏コレラ，狂犬病のワクチンを開発	120
1890	北里　柴三郎，ベーリング	血清療法の確立	120
1901	高峰　譲吉	アドレナリンの発見(結晶化)	99
1902	モラウィッツ	血液凝固のシステムを解明	70
1905	ベイリス，スターリング	ホルモン(セクレチン)の発見	99
1921	レーウィ	神経伝達物質のはたらきを解明	94
1922	フレミング	リゾチームを発見	108
1932	キャノン	恒常性(ホメオスタシス)を提唱	66

第 4 章　多様性と生態系

年代	人物名	業績	ページ
1847	ベルクマン	ベルクマンの規則を提唱	140
1877	アレン	アレンの規則を提唱	140
1907	ラウンケル	植物の生活形を分類	140

日本人のノーベル生理学・医学賞の受賞者

受賞年	人物名	業績	ページ
1987	利根川　進	抗体の可変部の多様性に関する研究	116
2012	山中　伸弥	iPS 細胞を作製(全能性に関する研究)	65
2015	大村　智	イベルメクチン(抗生物質)を開発	109
2016	大隅　良典	リソソームにおけるタンパク質分解の研究	110
2018	本庶　佑	がん細胞に対するリンパ球の活性化の研究	110

ミーシャー

サットン

エイブリー

ワトソン　クリック

さくいん

●出題頻度・重要度が高いワードは赤字で記しています
●ひとつのワードが複数ページに掲載されている場合は、主たるページを記しています
●ワード前の□はチェックボックスとして利用してください

さくいん

◆著者プロフィール

鈴川　茂（Suzukawa Shigeru）

代々木ゼミナール生物講師。ＴＶアニメ「はたらく細胞」の細胞博士，新星出版社「世界一やさしい！細胞図鑑」の監修者を担当（YouTube にて，「細胞」に関する動画を好評配信中！）。北里大学理学部生物科学科卒業。大学在学中は「古細菌」の研究に専念。今現在は，東大や京大などの難関大から共通テストまで幅広い入試研究を行いながら，「生物学のおもしろさを多くの人に知ってもらいたい！」という思いで，日本全国をまわり，熱い講義を展開する日々を送っている。「生物学に興味をもってくれる人が増えれば世の中はもっと良くなる。」そう信じながら，今日も教壇に立っている。

鈴川のとにかく伝えたい生物基礎 テーマ75

著　　者　鈴川　茂

発 行 者　髙宮英郎

発 行 所　代々木ライブラリー

〒 151-8559　東京都渋谷区代々木 1-29-1

☎ 03-3379-5221（大代表）

本文組版　株式会社 Sun Fuerza

印刷・製本　三松堂株式会社　Ⓟ1

　ISBN978-4-86346-748-4　Printed in Japan